奠定數學領域基礎！

從1開始的數學啟蒙書

虛數・證明

吉田武／著　陳朕疆／譯

「你好嗎？」是個充滿期待的話語

　　或許你曾覺得「數學離我很遙遠」。為了讓
這樣的你充分享受到數學的樂趣，請試著將自己
的熱情注入「你好嗎」這個特別的詞，以充滿期
待、熱情的態度，有精神地喊出

「數學，你好嗎？」
"Hello Mathematics ！"

問候一下數學吧。為了讓更多人能說出「數學，
你好嗎？」本書在內容上下了許多工夫。

　　不管名稱叫做「算數」還是「數學」、不管
有沒有在學校學過，都請放寬心胸、帶著輕鬆的
心情閱讀本書。如果學到了以前不知道的知識，
說不定會帶給你一整天的好心情，還能成為和朋
友間的話題喔！那我們就開始囉，你好數學！

作者

學習目標

　　一開始，我們會介紹「完全數」和「循環數」等有趣數字的性質，並且利用「巴斯卡三角形」來製作「數的聖誕樹」。

　　接著要介紹的是用來表示什麼都沒有的「數字 0」，並且學習負數。讓這些新認識的數帶我們進入「整數」的世界。

　　由自然數「擴張」而成的整數，卻擁有和自然數同樣的「基數（cardinality）」。這就是「無限」這個概念神奇的地方。

　　學習過整數的四則運算後，就可以用名為「向量」的箭頭，說明為什麼負數平方後會得到正數。接著再透過向量，帶領我們進入「用內心感覺的數」——「虛數」的世界。然後講到「演繹」和「歸納」這兩種思考方式，學習數學中的「證明」所代表的意義。

　　最後，為了要安全地待在「無限的世界」，我們會介紹「數學歸納法」這個有如推倒骨牌般的證明方法。如此樸實的想法卻能用來描述「無限」的事物，這就是數的世界。

目次

虛數・證明

1　數的友情

　　了解到什麼是質數後，我們知道所有自然數都可以分解成質數的乘積，故可以將自然數分成以下三類：

$$自然數=\begin{cases}1,\\質數：(2, 3, 5, 7,...),\\合數：(4, 6, 8, 9,...).\end{cases}$$

本章會根據這種「自然數的分類」，從另一個角度來討論自然數的性質。

自然數的分類

　　首先做為複習，讓我們回想一下**「自然數的因數」**是什麼意思。畢達哥拉斯在這個領域中也有很大的貢獻。

　　6的因數包括1、2、3、6這四個數。一個數的因數／倍數，分別是除法／乘法後得到的結果，而如果將一個數的所有因數「加總起來」的話，可以得到

$$1+2+3+6=12$$

答案12是原本的數——6的兩倍。

　　6的因數總和扣掉自己之後會等於自己，也就是說**「除了自己之外的所有因數加總後，會等於自己」**。我們把這種數叫做**「完全數」**。當然，擁有這種性質的數字非常稀少，所以它們才會有這個名字。

　　6之後的下一個「完全數」是28，28的因數包括：

$$1, 2, 4, 7, 14, 28$$

完全數（示意圖）

因數加總後會得到自己。

我很完美。

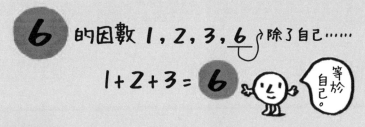

6 的因數 1, 2, 3, 6 ↝除了自己……

1 + 2 + 3 = **6** 等於自己。

28 的因數 1, 2, 4, 7, 14, 28 ↝除了自己……

1 + 2 + 4 + 7 + 14 = **28** 看吧。

所以除了自己以外的因數總和為

$$1+2+4+7+14=28.$$

　　那麼，如果不是完全數的話，因數的總和又會是多少呢？
以220為例，220除了自己以外的因數包括：

$$1, 2, 4, 5, 10, 11, 20, 22, 44, 55, 110$$

將這些因數全部加起來之後，會得到

$$1+2+4+5+10+11+20+22+44+55+110=284$$

總和比原本的數還要大。擁有這種性質的數，被稱做「**盈數**」。

　　再以284為例，其因數包括：

$$1, 2, 4, 71, 142$$

盈數（示意圖）

因數總和太多囉。

把全部加起來之後可以得到

$$1+2+4+71+142=220$$

總和比原本的數還要小。擁有這種性質的數，被稱做**「虧數」**。

　　計算出一個自然數的因數總和後，可以將其分為**「完全數」**、**「盈數」**、**「虧數」**——這三種數的其中一種。也就是說，1以外的自然數可以用這種分類方式分成三類。

　　請自行試著實際列出100以下的所有數分別有哪些因數，計算因數總和後，確認該數是屬於上述分類中的哪一類。

虧數（示意圖）

因數總和不夠耶。

友愛數

想必各位應該也發現了。在剛才的例子中，220的因數在扣掉自己之後的總和為284；284的因數在扣掉自己之後的總和是220。很神奇吧，這兩個數之間似乎有什麼關聯的樣子。因數的計算常讓人覺得很「麻煩」，不過在看到這種數字之間的關係時，會突然變得很有趣。

具有這種關係的數對，稱做**「友愛數」**或者是「親和數」。這是「由畢達哥拉斯命名」的數對。據說，曾有人問他「什麼是朋友呢？」，畢達哥拉斯便回答「就像220和284之間的關係一樣」。果然是「把數當成信仰對象」的畢達哥拉斯會講出來的話。

想靠自己找出「友愛數」似乎沒那麼容易。不過，各位可以試著確認給定的數對是否具有「友愛數」的關係，譬如下面的例子

$\begin{bmatrix} \mathbf{1184} : (1+2+4+8+16+32+37+74+148+296+592 = \mathbf{1210}), \\ \mathbf{1210} : (1+2+5+10+11+22+55+110+121+242+605 = \mathbf{1184}) \end{bmatrix}$

$\begin{bmatrix} \mathbf{2620} : (1+2+4+5+10+20+131+262+524+655+1310 = \mathbf{2924}), \\ \mathbf{2924} : (1+2+4+17+34+43+68+86+172+731+1462 = \mathbf{2620}) \end{bmatrix}$

$\begin{bmatrix} \mathbf{5020} : (1+2+4+5+10+20+251+502+1004+1255+2510 = \mathbf{5564}), \\ \mathbf{5564} : (1+2+4+13+26+52+107+214+428+1391+2782 = \mathbf{5020}) \end{bmatrix}$

由此可以看出，它們都是「友愛數」。

以下列舉出多個「友愛數」的例子，請試著確認看看它們是否真的是友愛數。

(220, 284),　　　　　　(1184, 1210),　　　　　(2620, 2924),

(5020, 5564),　　　　　(6232, 6368),　　　　　(10744, 10856),

(12285, 14595),　　　　(17296, 18416),　　　　(63020, 76084),

(66928, 66992),　　　　(67095, 71145),　　　　(69615, 87633),

(79750, 88730),　　　　(100485, 124155),　　　(122265, 139815),

(1175265, 1438983),　　(9363584, 9437056).

　　本章中我們以因數為基礎，介紹了另一種分類自然數的方法，可以將自然數分成「完全數」、「盈數」、「虧數」，並了解到兩個數之間的存在著有趣的關係「友愛數」。

2 數的旋轉木馬

前一章中，我們認識了數與數之間的其中一種關係——「友愛數」。這種數與數的關係很特別吧，而且名字也很有趣呢！這裡再介紹一種同樣很有趣的數與數關係，有這種關係的數字們就像是在轉來轉去一樣，所以又叫做「數的旋轉木馬」。

某些自然數的性質

去遊樂園的時候，你會不會想去玩「旋轉木馬」呢？本章要介紹的就是和旋轉木馬很像的自然數**142857**。

如果是「迴文數」，譬如1234321的話，一般人一眼就能看出它為什麼會是這個名字。但這裡要介紹的數卻不同。若要「旋轉」這個數，必須像下方一樣把它乘以1到6才行。

$$142857 \times 1 = 142857,$$
$$142857 \times 2 = 285714,$$
$$142857 \times 3 = 428571,$$
$$142857 \times 4 = 571428,$$
$$142857 \times 5 = 714285,$$
$$142857 \times 6 = 857142.$$

還是看不出規則嗎？換個排列方式的話，應該會比較清楚吧？

$$142857 \times 1 = 142857,$$
$$142857 \times 3 = 428571,$$
$$142857 \times 2 = 285714,$$
$$142857 \times 6 = 857142,$$
$$142857 \times 4 = 571428,$$
$$142857 \times 5 = 714285.$$

這個數142857的每一位數字就像是排列在一個圓上，然後隨著圓的旋轉慢慢改變位置對吧。譬如上式中的7就在慢慢前進。擁有這種性質的數就叫做「**循環數**」。

真正的旋轉木馬需要通電才能動起來，「循環數」也同樣需要乘法才能「旋轉」起來。

將「循環數」142857乘以1到6，可以得到「六人搭乘」的小型旋轉木馬。

　　下一個要介紹的「循環數」稍微大一些，是「十六人搭乘」的

588235294117647

同樣的，讓我們把這個數乘以1到16，看看會有什麼結果吧。

588235294117647 ×　1 ＝　588235294117647,
588235294117647 ×　2 ＝1176470588235294,
588235294117647 ×　3 ＝1764705882352941,
588235294117647 ×　4 ＝2352941176470588,
588235294117647 ×　5 ＝2941176470588235,
588235294117647 ×　6 ＝3529411764705882,
588235294117647 ×　7 ＝4117647058823529,
588235294117647 ×　8 ＝4705882352941176,
588235294117647 ×　9 ＝5294117647058823,
588235294117647 ×10 ＝5882352941176470,
588235294117647 ×11 ＝6470588235294117,
588235294117647 ×12 ＝7058823529411764,
588235294117647 ×13 ＝7647058823529411,
588235294117647 ×14 ＝8235294117647058,
588235294117647 ×15 ＝8823529411764705,
588235294117647 ×16 ＝9411764705882352.

這個數是不是真的有在「旋轉」呢？讓我們像剛才一樣，稍微改變一下次序吧。在這個例子中也同樣用粗體字標出7。

588235294117647× 1 ＝ 5882352941176**4****7**,
588235294117647×10＝588235294117647**0**,
588235294117647×15＝8823529411176**4****7**05,
588235294117647×14＝8235294117647058,
588235294117647× 4＝235294117647**0**588,
588235294117647× 6＝35294117647**0**5882,
588235294117647× 9＝5294117647058823,
588235294117647× 5＝29411764**7****0**588235,
588235294117647×16＝94117647**0**5882352,
588235294117647× 7＝4117647058823529,
588235294117647× 2＝117647**0**588235294,
588235294117647× 3＝17647**0**5882352941,
588235294117647×13＝7647058823529411,
588235294117647×11＝64**7****0**588235294117,
588235294117647× 8＝47**0**5882352941176,
588235294117647×12＝**7**058823529411764.

由此可以看出，每一位的數字往前一格就可以得到下一個數。

還有更大型的「旋轉木馬」，譬如說：

52631578947368421　　　（18人搭乘），
4347826086956521739 13　（22人搭乘）.

分成兩半再相加

「循環數」的有趣之處不僅如此喔。讓我們用最簡單的例子142857說明循環數的各種特徵吧。

將這個數從中間切成兩半

$$142857 \rightarrow 142, 857$$

像這樣分成兩個數。再把兩個數加起來

$$142 + 857 = 999$$

你發現了嗎？

如果把其他旋轉中的數也拿來做同樣的計算，可以得到

$$428571 \rightarrow 428 + 571 = 999,$$
$$285714 \rightarrow 285 + 714 = 999,$$
$$857142 \rightarrow 857 + 142 = 999,$$
$$571428 \rightarrow 571 + 428 = 999,$$
$$714285 \rightarrow 714 + 285 = 999$$

全都會是999。

發現

循環數的神奇之處

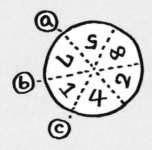

把這個循環數
沿著 a, b, c
分別切開……

$714 + 285 = 999$
$285 + 714 = 999$

$142 + 857 = 999$
$857 + 142 = 999$

$428 + 571 = 999$
$571 + 428 = 999$

答案都是 999 喔！

對下一個「循環數」588235294117647做同樣的計算，
一樣可以得到：

$$5882352 + 94117647 = 99999999,$$
$$52941176 + 47058823 = 99999999,$$
$$11764705 + 88235294 = 99999999,$$
$$58823529 + 41176470 = 99999999,$$
$$17647058 + 82352941 = 99999999,$$
$$64705882 + 35294117 = 99999999,$$
$$23529411 + 76470588 = 99999999,$$
$$70588235 + 29411764 = 99999999,$$
$$29411764 + 70588235 = 99999999,$$
$$76470588 + 23529411 = 99999999,$$
$$35294117 + 64705882 = 99999999,$$
$$82352941 + 17647058 = 99999999,$$
$$41176470 + 58823529 = 99999999,$$
$$88235294 + 11764705 = 99999999,$$
$$47058823 + 52941176 = 99999999,$$
$$94117647 + \ 5882352 = 99999999.$$

很神奇吧。

　　以上就是「數的旋轉木馬」——循環數的介紹。你有看到
數字在旋轉嗎？還是你的眼睛也在旋轉呢？

3 數的金字塔

　　這裡讓我們簡單介紹一下**「迴文」**和**「迴文數」**吧。所謂
的「迴文」，指的是

　　　　　　「上海自來水來自海上」

　　「天上龍捲風捲龍上天」「人人為我、我為人人」

這種，不管從右邊讀到左邊，還是從左邊讀到右邊，「得到的
內容完全相同的文字」。更長的迴文範例如下

　　　　「喜歡的少年是你，你是年少的歡喜」

　　　　「鶯啼岸柳弄春晴，柳弄春晴夜月明。

　　　　　明月夜晴春弄柳，晴春弄柳岸啼鶯。」

英文很厲害的人，可以自行在腦中想像伊甸園內「亞當向夏娃
自我介紹時的畫面」，然後說出

　　　　　　Madam, I'm Adam.

這是英語的迴文，很有趣吧。迴文在每個國家中會以各種不同形式出現，可以說是一種相當有趣的智力遊戲。

同樣的，像是

1， 121， 12321， 1234321， 123454321

這些「迴文數」中的任何一個數，不管從左邊看起和從右邊看起，都會得到完全相同的數。而上列迴文數還有一個特徵：它們都是迴文數1，11，111，1111，11111的平方結果：

$$1 = 1^2,$$
$$121 = 11^2,$$
$$12321 = 111^2,$$
$$1234321 = 1111^2,$$
$$123454321 = 11111^2$$

故可寫成像上面這種有趣的表現方式。

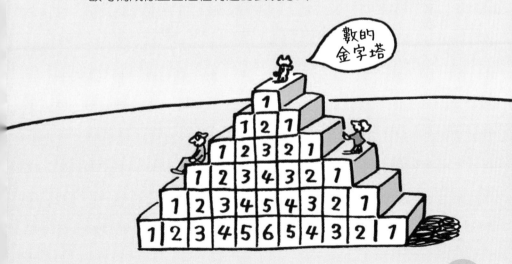

製作數的金字塔

　　如果繼續寫出更大的數，並把這些數由上往下排列，便可得到「數的金字塔」。

$$1^2=1$$
$$11^2=121$$
$$111^2=12321$$
$$1111^2=1234321$$
$$11111^2=123454321$$
$$111111^2=12345654321$$
$$1111111^2=1234567654321$$
$$11111111^2=123456787654321$$
$$111111111^2=12345678987654321$$

　　大家覺得如何呢？只要稍微排列一下，就可以得到很漂亮的形狀囉。

　　下面是只用3、6、9製作而成的迴文數。不管是被乘數、乘數、加上的數，還是計算結果，全都是「迴文數」。

$$3\times9 \qquad +6=33$$
$$33\times99 \qquad +66=3333$$
$$333\times999 \qquad +666=333333$$
$$3333\times9999 \qquad +6666=33333333$$
$$33333\times99999 \qquad +66666=3333333333$$
$$333333\times999999 \qquad +666666=333333333333$$
$$3333333\times9999999 \qquad +6666666=33333333333333$$
$$33333333\times99999999 \qquad +66666666=3333333333333333$$
$$333333333\times999999999+666666666=333333333333333333$$

這些金字塔都是由「迴文數」構成。我們可以放寬一些標準，不一定要用迴文數，而是製作一個等式整體有迴文結構的金字塔。

$$1 \times 8 + 1 = 9$$
$$12 \times 8 + 2 = 98$$
$$123 \times 8 + 3 = 987$$
$$1234 \times 8 + 4 = 9876$$
$$12345 \times 8 + 5 = 98765$$
$$123456 \times 8 + 6 = 987654$$
$$1234567 \times 8 + 7 = 9876543$$
$$12345678 \times 8 + 8 = 98765432$$
$$123456789 \times 8 + 9 = 987654321$$

這種排列很有趣吧。各位也可以試著挑戰寫出迴文數喔。

巴斯卡三角形

接著要介紹的是，每一層之間緊密相連，由某種計算規則緊緊「黏在一起」的堅固金字塔。

首先在最上方寫下「**1**」，接著在這個1的下方寫出第二層「**1, 1**」，再於其下方第三層的左右兩端各寫下一個「**1**」，而第二層的1和1相加的結果「**2**」則寫在第三層的中間。

寫完三層之後的樣子如右圖所示。之後的每一層，皆在兩端寫上1，並將上層相鄰兩數的相加結果，寫在兩數中間的下方。

譬如說，第四層的數字從左邊算起分別是「最左邊的**1**」，「1和2相加後得到**3**」，「2和1相加後得到**3**」，「最右邊的**1**」。

依照這個方法反覆操作，可以得到下方的金字塔。

```
                    1
                 1     1
              1     2     1
           1     3     3     1
        1     4     6     4     1
     1     5    10    10     5     1
  1     6    15    20    15     6     1
1     7    21    35    35    21     7     1
1  8    28    56    70    56    28    8     1
```

這個叫做**「巴斯卡三角形」**，是一種非常重要的「數的金字塔」。圖中的數字有幾個明顯的特徵：首先，左右兩邊的數字彼此對稱；再來，由左算來第二行數字和由右算來第二行數字，從上到下分別是1、2、3、……每往下一層就加1。

由以上的例子我們可以知道，數的金字塔有很多種製作方法。**這些金字塔可以寫成計算式，以視覺形式表現出「對稱性」和「統一性」這類數學上的美妙性質。**

能從數字的排列中感覺到數學的美、組合數字的樂趣的人們，相當接近數學的本質。別忘了，要享受數學，最需要的就是「豐富的感情」，才能體會到數學的美。

算算看有幾種可能

前面我們用迴文數「建造」了好幾種「數的金字塔」。

另外，也介紹了每一層之間都有著緊密關係，既堅固又美麗的「巴斯卡三角形」：

```
                    1
                  1   1
                1   2   1
              1   3   3   1
            1   4   6   4   1
          1   5  10  10   5   1
        1   6  15  20  15   6   1
      1   7  21  35  35  21   7   1
    1   8  28  56  70  56  28   8   1
```

接下來要講解的內容，就是一種隱藏在這種三角形中，既有趣又神奇的性質。

計算有幾種可能

「巴斯卡三角形」中，每一層的每一個數，都是由上一層的相鄰兩數相加而得。我們可以把這段敘述稍微「視覺化」：想像將有一塊「板子」上寫著這些數，將大頭針一根根插在數字的位置上，然後在最上方投下一顆彈珠，如右頁所示。

假設彈珠檯上的彈珠在碰到大頭針後不會橫向移動，只會往大頭針的左下方或右下方移動，當然，也不會由下往上移動。那麼大頭針插著的數字，就代表了彈珠碰到這根大頭針之前的「路線」可能有幾種。

在這樣的規則下，球碰到最上方的大頭針時，有兩條路線

可以選擇；抵達第二層時，又分成兩條路線進入第三層。

　　因此，第三層中央的大頭針可能會碰上來自上層左側或是上層右側大頭針的彈珠，所以彈珠從最上面的起點出發後，有「兩條路線」可以走到第三層的中央大頭針。右圖中，上下層間的線段代表「路線」。

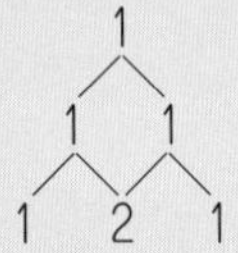

$$1$$
$$1 \quad 1$$
$$1 \quad 2 \quad 1$$

　　接著再來看看下一層（第四層）的情況。應該不難看出，彈珠碰撞到左右兩端大頭針的「路線」數和之前一樣，分別只有一條。

　　那麼彈珠碰撞到從左算起的第二根大頭針的「路線」又有幾條呢？彈珠走到上一層最左端大頭針的「路線」有一條，中央大頭針的「路線」有兩條，兩者相加後可得到「三條」。第四層從右算起的第二根大頭針也同樣為三條。

　　由此可以看出，這個彈珠檯正是重現了「巴斯卡三角形」。事實上，「巴斯卡三角形」中的數字，就相當於這個特殊彈珠檯上，從最上方大頭針出發的彈珠，走到某特定大頭針的可能「路線」數。

　　我們可以將一大堆彈珠從上方往下丟，使其先撞擊最上方的大頭針，然後觀察其往下掉落的樣子。

　　假設一次丟八十顆彈珠並在彈珠檯最下方等待，統計最後的彈珠分配結果。一開始彈珠會被最上方的大頭針分成兩群，撞擊第二層的大頭針，兩根大頭針分別被四十顆彈珠撞擊。

　　接著這四十顆會再分別分成兩群，撞擊第三層的大頭針。所以第三層中央的大頭針會受到來自第二層左方的二十顆彈珠

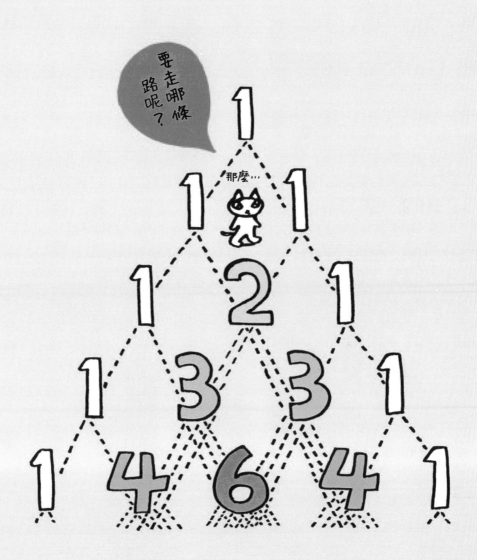

的撞擊，以及第二層右方的二十顆彈珠的撞擊，一共四十顆。

　　也就是說，碰撞到每根大頭針的彈珠比例，會和巴斯卡三角形的數字比例「1比2比1」相同，故彈珠數會是「20比40比20」。

　　那麼，想必第四層的彈珠數應該也難不倒你了吧。「路線」的數目共有1＋3＋3＋1＝8條。所以每條「路線」會有十顆彈珠。各條路線的彈珠比例為「1比3比3比1」，所以彈珠數會是「10比30比30比10」。

　　第五層的「路線」數有1＋4＋6＋4＋1＝16條，每條「路線」有五顆彈珠，故彈珠數量為「5比20比30比20比5」。

　　我們可以將一個「符號■」視為五顆彈珠，將每一層的彈珠顆數畫成長條圖的樣子。

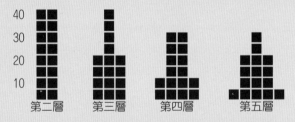

由此可知，不管是哪一層，中間的彈珠數都是最多的。

硬幣的正反面

　　另外，「巴斯卡三角形」中的數也和投擲硬幣時，正反面的可能結果數相同。如右頁的圖片所示。

　　像這種表示某件事有幾種可能結果的數，稱做「可能結果數」。看到這裡，大家應該都知道要怎麼計算「投擲五枚硬幣時會出現幾種可能結果」了吧？

　　舉例來說，投擲五枚硬幣時，有幾種結果是其中三枚為正面，且其中兩枚為反面呢？將右頁的巴斯卡三角形再往下延伸一層就可以知道，會有十種可能結果。

投擲硬幣的可能結果

反面 正面

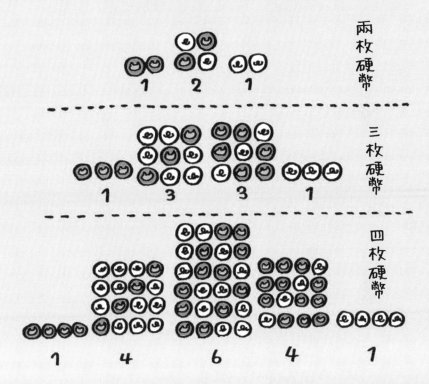

兩枚硬幣

三枚硬幣

四枚硬幣

有很多種使用方式呢。

我丟

5 製作「數的聖誕樹」

聖誕節是一年中最開心的節日之一。許多人會用聖誕樹裝飾學校和家裡。這裡就讓我們試著做做看「數的聖誕樹」，在聖誕夜享受數學的樂趣吧。其中的樂趣及美妙之處，只有做過的人才知道喔，各位一定要試著挑戰看看。

將巴斯卡三角形上的數分成「偶數及奇數」

想必各位應該已經很熟悉「巴斯卡三角形」，就讓我們試著用巴斯卡三角形來做聖誕樹吧。

右頁有一個只由圓圈構成的三角形。首先，請將巴斯卡三角形中的數字填入這些圓圈中。

各位應該都學過「偶數」和「奇數」吧。偶數是可以被2整除的數，奇數則是除以2會餘1的數。「巴斯卡三角形」中有偶數也有奇數，不過兩者的出現方式卻有一定的「規律」。

這裡就將巴斯卡三角形中的偶數以白圈表示，奇數則以黑圈表示。這麼一來，我們關注的重點就從數字的大小，移轉到數字是奇數還是偶數上。

馬上就來試試看吧。

怎麼樣呢？這個三角形的規則性讓人很意外吧。先讓我們來看看前四層的數。

整個巴斯卡三角形的圖樣，看起來就像是重複右圖的圖樣後組合而成的。將「巴斯卡三角形」依照奇偶數塗色後得到的圖樣，就像是以小圖形為基礎發展而成的大圖形。

不管是多少層的巴斯卡三角形，都會出現這樣的圖樣。像這種**「整體圖樣與部分圖樣類似」的圖形，就稱做「碎形」**。繼續往下延伸的話，還可以把更大的「巴斯卡三角形」塗成類似圖樣，如右頁圖示。

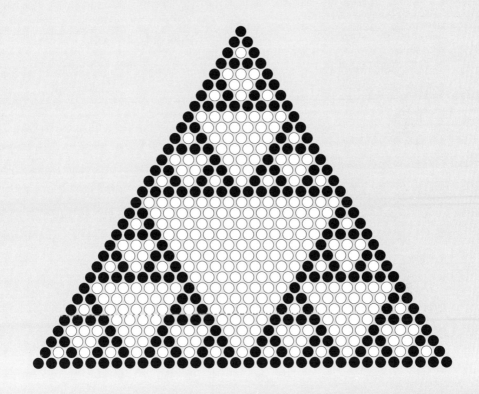

很漂亮對吧。以一開始最小的三角形為基本圖形，蒐集三個這種三角形之後，便可得到下一個基本圖形；再蒐集三個這種圖形，就可以得到再下一個基本圖形。如此反覆操作，就可以得到愈來愈大的圖樣。

在反覆操作的過程中，應該不難看出白圈會愈來愈多吧。這表示，在「巴斯卡三角形」中，愈下層的數，偶數出現的機會愈高。

以下方法也可以畫出這個圖形。

---

① ：先畫一個正三角形做為基準，再將各邊中點連接成線。

② ：將原本的基準正三角形分割成位於中央的倒立三角形，以及位於外側的三個正立三角形。

③ ：以外側三角形為新的基準，重複①。

用這個方法畫出來的圖形（次頁），是名為「謝爾賓斯基三角形」的著名「碎形」。

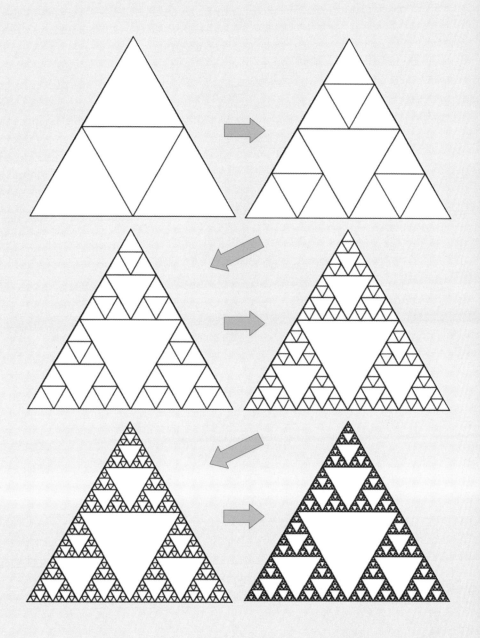

為巴斯卡三角形塗上顏色

　　我們可以將數字除以2，再依餘數「將數字分成奇數和偶數」。如果將數字除以3的話，則可依餘數將數字分成可整除的數，餘1的數，餘2的數等三種。

　　如果將「巴斯卡三角形」中的數字依照除以3的餘數塗上不同顏色，「可整除的數為○」，「餘1的數為●」，「餘2的數為◎」，再加上樹幹，就可以得到美麗的「數的聖誕樹」了。

　　這種塗色方式還可以繼續衍生成不同的樣子喔。

　　也就是說，除以2的話可以得到奇偶兩色；除以3的話可以得到三色；除以4的話可以得到四色；除以5的話，則可依餘數分成五種顏色。

　　請自由選擇顏色，把聖誕樹塗滿美麗的色彩吧。這樣一定可以裝飾成一棵連聖誕老人都會嚇一大跳的漂亮聖誕樹。

　　把一開始由白色圓圈組成的三角形影印放大，就可以直接塗成自己想要的顏色。或者也可以去文具店買彩色圓形標籤貼紙，裝飾起來就更輕鬆、更漂亮了。請你一定要試試看。

6 新的年份、新的數

　　西元2000年是二十世紀的最後一年。不過，為什麼新世紀的第一年不是2000這種「剛剛好的數字」，而是2001年呢？不知道大家有沒有想過這個問題呢？

　　年份前的西元源自**「西元曆」**，雖然這名稱的由來也有著「來自西方的曆法」的緣故，但實際上這種紀年法是以基督誕生的那一年算起，正式名稱為**「格里曆」**。另外，日本還有使用「明治」、「大正」、「昭和」、「平成」等**「年號」**的傳統。日本人會依不同場合，使用不同種類的紀年方式。

再來談談位數記數法

　　近年來，就連和日語文法有關的書籍，有時也會將「二千年」表示成「二〇〇〇年」。就日語來說，「二千年」才是正確的寫法。不過後來的人們自己「發明」了獨特的符號

「○」，用來代替位數記數法中的符號「0」。

那麼，為什麼要特地創造出這個特殊的符號呢？

現在我們所用的時鐘盤面（僅限指針式鐘錶）仍會使用羅馬數字，奧運的正式名稱中也會用羅馬數字來表示屆數。羅馬數字包括：

I, II, III, IV, V, VI, VII, VIII, IX, X, L, C, D, M,

而日本所使用的漢字數字則包括：

一, 二, 三, 四, 五, 六, 七, 八, 九, 十, 百, 千, 萬, 億, 兆, 京

這兩種數字表記方式，都不是位數記數法。

用這兩種方法來記錄較大的數字時，必須正確使用對應單位才行。於是，覺得這種方法很「麻煩」的人們，就發明了「○」這個符號，混合了位數記數法和漢字數字法的概念。

確實，如果要計算「一千八百六十二年距離二十世紀末還有幾年？」的話，用這種數字表示方式實在不太方便。真的要計算的時候，人們還是會把這些數字在腦中轉換成「阿拉伯數字（1, 2, 3,...）」，再用位數記數法的數字來算。如果要用漢字數字來計算乘法和除法的話，難度就更高了。

相較之下，如果用位數記數法來計算，會顯得方便許多

$$2000 - 1862 = 138$$

瞬間就能計算出結果。而且在比較兩個數的大小時，幾乎不需要思考。可能連自己都沒意識到，大腦就自動幫你計算出結果了。羅馬數字和漢字數字記數法卻很難做到這點。

不過漢字數字也有許多優點。譬如漢字數字寫錯時不容易更正，所以不易變造，常用於書寫支票金額等。

印度、咖哩以及「0」的發現

因為位數記數法相當簡單，所以一般人很快就能學會位數記數法，搶走過去被專家們壟斷的**「計算」**工作。位數記數法中很常用到**「空白符號」**——「0」，不過當時人們只把「0」當成補滿位數的符號而已，並不是一個「數」。也就是說，當時的人們並沒有定義0的計算規則。

應該有不少讀者很喜歡研究「古代史」吧？有不少電影與戲劇，都是以古代的璀璨文明為主題。

你的大腦會自動將漢字數字轉變成阿拉伯數字。

說到「古代史」，可能會讓你聯想到「金字塔」或「斯芬克斯」等巨石建築。人類的力量相當渺小，要是沒有一定的數學或物理學知識，找再多人也沒辦法建造出那麼大的建築物。

　　或許你會認為「只要找很多人手來幫忙，就可以搬運沉重的石塊了」。但古時候的人類搬運石頭時，一定得站在石頭的周圍。站在石頭周圍的人數是固定的，所以沒辦法一次讓太多人一起搬同一顆石塊。大家也試著搬搬看石塊，就知道這有多難了。總之，我們由數學和物理學的理論可以知道，要是沒有發明出適當的道具，「連一顆石頭都搬不動」。

　　由這件事可以看出，從我們人類誕生在這個世界上開始，便一直和數學問題戰鬥著，數學理論也一直在發展。不過，從五千多年前的「古巴比倫尼亞」開始，一直到「希臘」、「埃及」、「羅馬」等文明，都不曾出現過「位數記數法」和將0當作數來使用的例子。

　　直到六世紀左右的「印度」，「0」才被發明出來。請各位在吃咖哩飯的時候，回想起0這個數。0和咖哩都是「印度人帶來的禮物」。

　　一位沒有留下名字的印度人所發明的「數字0」，支撐著我們現在的文明。

　　以上就是「數字0」誕生的來龍去脈。

　　看到這裡，你知道為什麼21世紀的第一年是2001年了嗎？沒錯，年號沒有所謂的0年，都是從1年開始。所以和我們平常的想法有些許不同。近代的年份中，雖然有平成元年，卻沒有「平成0年」。也就是說，西元年中最末尾的「0」並不代表某個東西的「開始」。這樣有解答你的疑惑嗎？

7 什麼都沒有，卻也有些什麼

　　前面的章節中，我們一直將「0」視為「位數表示符號」，或者是「表示該位沒有數字」的符號。從本章開始會將「0」視為一個**「新的數」**。那麼，我們需要訂定哪些規則，才能將0視為一個數呢？

不存在卻也存在，存在卻也不存在

　　首先做一些基本說明。**「0」**的英語讀做**「zero」**，漢字寫做**「零」**，中文發音為「ㄌㄧㄥˊ」，這個數可以用來**「表示不存在任何東西」**。

　　舉例來說：有三隻貓，有三棵樹；這兩者有個共通的性質，那就是都有三個個體。我們都可以用數字「3」來描述。

　　這就是「自然數的基本概念」。想像這三隻貓中有一隻跑走了，剩下的貓咪數量為3－1＝2，也就是兩隻貓。同樣的，如果又有一隻貓跑走，2－1＝1，眼前就只剩一隻貓。要注意的是，1這個數就是**「最小的自然數」**。

　　然而，最後剩下的一隻貓在聞到香噴噴的柴魚之後，也不知道跑哪去了。這時候，你認為該用什麼樣的「數學式」來表示這件事呢？

　　因為「1是最小的自然數」，所以不能用減法讓它變得更小。但總覺得還是想用數學式來表示眼前發生的事，該怎麼辦才好呢？

發現這個問題後，我們人類便想藉由「推廣數的概念」來渡過這個難關。於是創造出了一個和自然數不同的數，以求解決這個問題。

　　因此，最後一隻貓離開的狀態可以表示成

$$1-1＝0$$

這就是「數字0」的由來。

　　比1還要小1的數、用來表示什麼都沒有的數，這就是我們的祖先花了幾千年的歲月才發現的新概念。以前總說「有三隻貓，有兩隻貓，有一隻貓，一隻貓都沒有」，後來則改用「有0隻貓」來表示，很有趣吧。

　　原本用「沒有」來描述，後來改用「有0個」來描述。

　　其實在各位的日常生活中，本來就會無意識地使用這個概念。譬如說，我們不會說「今天的考試沒有分數」，而是會說「拿到零分！」對吧。

　　像這樣不說「沒有」，改說「有0個」的時候，這裡的0就不是「用來補滿位數的符號」，而是一個數。

「0」的計算規則

　　接著，介紹用來表示沒有個體存在的「數字0」的計算規則吧。做加法的時候，不管數字0和哪個數相加，最後都會等於和0相加的那個數，沒有任何變化。

舉例來說

$$1+0=1, \quad 0+1=1,$$
$$2+0=2, \quad 0+2=2,$$
$$3+0=3, \quad 0+3=3,$$
$$4+0=4, \quad 0+4=4,$$
$$5+0=5, \quad 0+5=5,$$
$$\vdots \qquad\qquad \vdots$$

0的乘法則會變成

$$1\times0=0, \quad 0\times1=0,$$
$$2\times0=0, \quad 0\times2=0,$$
$$3\times0=0, \quad 0\times3=0,$$
$$4\times0=0, \quad 0\times4=0,$$
$$5\times0=0, \quad 0\times5=0,$$
$$\vdots \qquad\qquad \vdots$$

不管0和哪個數相乘，最後都會等於「0」。另外，在只有自然數概念的時代，人們不曉得一個數自己減自己之後會得到什麼，但在知道0的概念之後，便可寫出

$$1-1=0,$$
$$2-2=0,$$
$$3-3=0,$$
$$4-4=0,$$
$$5-5=0,$$
$$\vdots$$

這樣的式子。

不過，除以0這件事就沒那麼簡單了，之後有機會再來說明原因。

像這樣定義「數字0」的性質之後，「一致性」這個數學領域中的重要概念，便能應用在各式各樣的計算中，使數學的世界變得更加美麗。

舉例來說，除法和餘數之間的關係：

$$被除數 \div 除數 = 商 \cdots 餘數$$
$$\longleftarrow 被除數 = 除數 \times 商 + 餘數$$

定義數字0之後，即使被除數「比除數還要小」也可以算出答案，譬如說：

$$1 \div 3 = \overset{商}{0} \cdots \overset{餘數}{1} \longleftrightarrow 1 = 3 \times 0 + 1,$$
$$2 \div 3 = 0 \cdots 2 \longleftrightarrow 2 = 3 \times 0 + 2,$$
$$3 \div 3 = 1 \cdots 0 \longleftrightarrow 3 = 3 \times 1 + 0$$

要是被除數比除數還要小，可以說**「商為0」**；而當「整除」時，則可以說**「餘數為0」**。

也就是說，不管是拿哪個數來做除法，都可以說出除完後的「商」和「餘數」分別是多少。不需要依情況使用不同的用詞，讓我們在討論數學的時候方便許多。

以上就是代表「沒有」的「數字0」的計算規則。各位有把0的意義牢牢記在心裡了嗎？

8 深奧的無

繼續來聊聊「數字0」吧。這應該是第三次講到0了。

第一次是說明0的起源，第二次是說明把0當成數的時候，需使用什麼樣的計算規則。

我們也提到，為什麼「格里曆的二千年」是二十世紀的最後一年。日本年號的「第一年」不是「0年」而是「元年（1年）」，西洋曆法也是一樣的情況。

另一方面，用來表示一天時間的時鐘，則存在著上午**「零時」**這種與「數字0」對應的時刻，用以代表午夜時分。不過，時間的數字會不斷循環，每天都會出現一次「零時」，所以這和前面提到的「0」的概念也不太一樣。

各位應該也知道，水結凍成冰時的溫度是**「攝氏零度」**吧。「攝氏溫度」是以水的性質做為溫度基準，不過物理學上，還有一種比攝氏溫度還要重要的溫度單位，那就是以物質內部分子的運動激烈程度做為溫度基準的**「絕對溫度」**。

絕對溫度中，定義所有分子都沒有運動的狀態為**「絕對零度」**，因為「理論上不可能出現比這更低的溫度」。絕對零度這個名稱聽起來很冷吧。

做為基準的數——「0」

當我們試著探究含有「零」這個字的語詞時，會發現0並非「以單獨個體的形式存在」，而是做為「某個東西的基準」存在於我們的生活中。

舉例來說，請看看直尺上的刻度。如果是30cm的直尺，那麼從左邊開始，每5cm或者每10cm就會出現一個間隔比較大的刻度。最右邊的刻度是30cm，那麼最左邊的刻度是多少呢？

　　沒錯，最左邊的刻度就大大方方地寫著0。

　　將某一端的刻度設為0，那麼拿這把尺測量物品長度時，讀到哪個刻度就是多長，不需要再轉換。

　　如果將一開始的刻度設為「1」的話，又會發生什麼事呢？

　　尺上標有5cm的點和標有1cm的點只差了4cm，所以兩點之間的真正距離只有4cm，和刻度上的「5cm」差了1cm。所以每次測量的時候，都要將測量結果減去1cm才行，非常不方便。在曆法年份的計算時也會出現類似的問題。

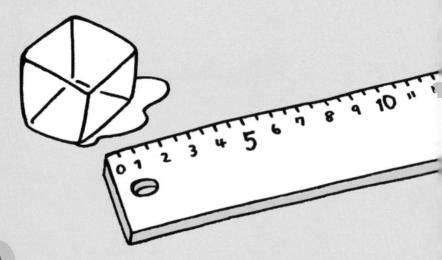

因此，0有著**「基準」**的意思。

想必你應該也有聽過「海拔幾公尺」或「標高幾公尺」之類的描述。這些高度是以平均的海水高度為基準，也就是將平均海水高度設為0，再以此測量陸地的高度。

當然，這時候的「海拔0公尺」，指的是該位置和海面高度相同，並不是「沒有高度」的意思，和前面學到的「數字0」不會產生任何矛盾。

「0」的種種

一開始是將0視為用來補滿位數的符號，也就是視為表示空白的符號：

10,　100,　1000,　10000,...
十,　百,　千,　萬

0的個數愈多，就代表這個數愈大。漢字數字中雖然沒有0這個數，但只要在其他地方稍加修飾，也能夠表達這類數值。

不過「數字0」就不是這麼回事了。為了擴張自然數而創造出來的數字0，是用來表示「沒有個體存在」的概念，而且數字0也和其他自然數一樣，有固定的計算規則。

$$1+0=1, \quad 0+2=2, \quad 3\times0=0, \quad 0\times4=0, \quad 5-5=0.$$

在學過更多數學知識後，會發現有時候把0當成自然數會方便許多。事實上，也確實有人會把0和其他數字——也就是0、1、2、3、4、5、……等都算進自然數的範圍。不過，這裡還請大家把0和其他自然數分開，先把0當成和自然數很接近的數就好。

最後我們還介紹了做為基準的0會應用在哪些地方。一般直尺都以0為基準，用直尺量物體長度時，量到哪裡，物體的長度就是多少，相當方便。

以上就是和0有關的各種事項。其中最重要的是，這些使用方法都不會互相矛盾。這件事對0來說有很大的意義。
或許有人會以為，既然是「用來表示不存在任何東西的數」，那麼「即使這個數不存在也沒關係」，這顯然是個很大的誤會。0可以用來補滿位數，可以表示「不存在」，也可以當成基準。除了0，根本找不到另一個那麼多功能的數。一起來發掘0的有趣之處吧。

9 從自然數開始的旅行

前面我們用連續三章的篇幅，好好介紹了「0」的性質。

在這之前雖然談過許多主題，不過裡頭出現的數僅限於「自然數」。到了這裡，終於可以來介紹自然數以外的數，也就是0這個數。

在數學領域中，研究「數」的性質可以說是一切的基礎。了解「數」本身，以及這些數能進行哪些計算，是研究「數」時的目標。在這兩種知識的相輔相成之下，可以加深我們對「數」的理解。

自然數能做的計算

自然數是一群能任意相加的數字。也就是說，任選兩個自然數，皆可做加法運算，不會出現不能加的情況。乘法也一樣，任選兩個自然數皆可做乘法運算。

　　除法又如何呢？除法就稍微有些麻煩了，不過還是可以分成「有餘數的情況」和「整除的情況」來討論。

　　本章想討論的是減法。如果減法的題目和答案都得是自然數的話，那麼「被減數」就一定要比「減數」還大才行。譬如說

$$100-50=50, \quad 50-45=5, \quad 5-3=2, \quad 3-2=1$$

「被減數」至少要比「減數」大「1」，才能做減法運算，就像上方最後一個例子一樣。這就是「只考慮自然數的世界」中的減法的限制。

　　不過，如果把0和自然數合起來，看成是一個「新的數字集合」，那麼這些數就可以自己減自己了。

$$1-1=0,$$
$$2-2=0,$$
$$3-3=0,$$
$$4-4=0,$$
$$5-5=0,$$
$$\vdots$$

　　加入0這個成員後，計算範圍擴大，限制也變少了。但光這樣還不夠。

　　如果要讓減法像加法一樣，「任選兩個數都可以進行減法運算」，那麼該怎麼做才能滿足這個條件呢？若要滿足這個條件，就必須擴增「數」的定義才行。我們必須定義出新的一群數，且這群數中的每個數都適用減法才行。換言之，就算「減數」比「被減數」大，也要能做減法運算。

創造「負數」

　　「0是比1還要小1的數」，「1是比0還要大1的數」對吧。接著，我們可以想像一個數「比0還要小1」，並將這個數定義為 **「−1」**，唸做 **「負1」**。

　　這裡的「−」和減號長得完全一樣，不過這裡的「−」並不是一種計算方式，而是在表達「比0還要小的數」時所用的符號，所以不能唸成「減1」。

　　因為我們定義「負1」是「比0還要小1的數」，所以

$$(0)-(1)=\mathbf{-1}$$

就會成立。等號左邊為0減去1的意思，等號右邊則是減法運算的結果——新的數「負1」。為了強調表記的意義，上式中用括弧框住了被減數和減數。

之後，比0還小的數就統稱為**「負數」**，而前面討論過的數則統稱為**「正數」**。

那麼，比「負1」「還要小1的數」又是多少呢？我們可以模仿先前的運算，得到以下式子

$$(-1)-(1)=-2$$

於是新的數「負2」便誕生了。

之後依此類推，在自然數的前面加上「－的符號」後

$$(-1)-(1)=-2,$$
$$(-2)-(1)=-3,$$
$$(-3)-(1)=-4,$$
$$(-4)-(1)=-5,$$
$$(-5)-(1)=-6,$$
$$\vdots$$

就可以得到許多新的數了。

如此一來，就相當於在自然數的一端放上一個「名為0的鏡子」，在自然數的另一邊反射出許多彼此間隔和自然數數列相同的負數數列。

$$\ldots, -5, \quad -4, \quad -3, \quad -2, \quad -1, \quad 0$$

將這個數列和自然數結合，便可得到有無限個數的集合：

..., −5, −4, −3, −2, −1, 0, 1, 2, 3, 4, 5,...

這些數叫做「**整數**」。整數中，自然數也叫做「**正整數**」，而帶有符號「−」的數，則叫做「**負整數**」。

　　包括自然數的減法在內，整數的特徵就是可以進行自由的減法運算。譬如說，將算式的「被減數」固定為「1」

$$1-0=\ \ 1,$$
$$1-1=\ \ 0,$$
$$1-2=-1,$$
$$1-3=-2,$$
$$1-4=-3,$$
$$1-5=-4,$$
$$\vdots$$

這些算式的意義也相當好懂對吧。以上，我們介紹了一個新的數字集合——包含了自然數和0以及負數的「整數」。

10 將減法轉變成加法

前面我們介紹了包括自然數在內的「一群新的數」——「整數」。整數中，相鄰數值的間隔都是1；若以0為界，則可以將整數分成「正整數」和「負整數」兩類。

$$...,-5,\ -4,\ -3,\ -2,\ -1,\ 0,\ 1,\ 2,\ 3,\ 4,\ 5,...$$

　　　　　負整數　　　　　　　正整數（＝自然數）

這樣看起來，0就像是「數學的鏡子」一樣不是嗎？事實上，「正整數」和「負整數」也確實有著相似的性質。

符號的意思

那麼，讓我們稍微複習一下符號是什麼吧。

「負整數」的數字前面有一個符號「－」，和減號的形狀完全相同，不過這個符號在這裡是用來表示比0還要小的數。譬如「－1」及「－2」，分別唸做「負1」及「負2」。

　　當我們想要強調一個數大於0時，也可以在「正整數」的前方加上符號「＋」。這個符號的形狀和加號一樣，卻沒有運算的意義，而是用來表示數字本身的屬性。

　　譬如說「＋1」及「＋2」，可以分別唸做「正1」及「正2」。不過，通常會省略「＋」這個符號，不會特別寫出來。

　　在前面提到「整數的製造過程」時，就曾介紹過負號的由來，這裡讓我們再複習一遍吧。這和現在提到的符號問題關係密切。

　　舉例來說，因為「－1」是「比0還小1的數」，所以

$$(-1)+1=0$$

可以成立。另外，由「1減1的減法」，可以得到

$$1-1=0$$

答案雖然同樣是0，但符號的意義卻不同。

再舉一個例子，請看

$$(-1)+2=1 \longleftrightarrow 2-1=1$$

這兩個式子。左式為「負整數－1」加上「正整數（自然數）2」的結果，最後得到1；右式則沒有出現任何「負整數」，僅為兩個自然數2和1的相減結果。

反過來說，**既然每個數字都帶有正號或負號等「符號」，就代表我們就可以將所有的減法都「改寫成加法」。**

舉例來說，原本是「2減1」的算式，可以改寫成「2加上負1」。假設我們拿兩千元去購物，花了一千五百元。那麼2000－1500＝500這個式子可以改寫成

$$2000+(-1500)=500$$

代表我們可以用「購物之後，錢包增加了負一千五百元喔！」這種神奇的方式來表示花費的金額。

計算規則

當我們考慮的對象擴展到新的範圍──整數時，可以操作的計算種類也跟著增加了。當考慮的對象僅限於自然數時，可以自由操作的運算就只有「加法」和「乘法」而已；但擴展到整數時，便可再納入「減法」。

換言之，**整數是可以自由操作「加、減、乘」等運算的數字集合。**而且，計算結果一定是整數，所以能一直計算下去而不會出錯。

如何「把負號 — 轉變成加法 ＋」。

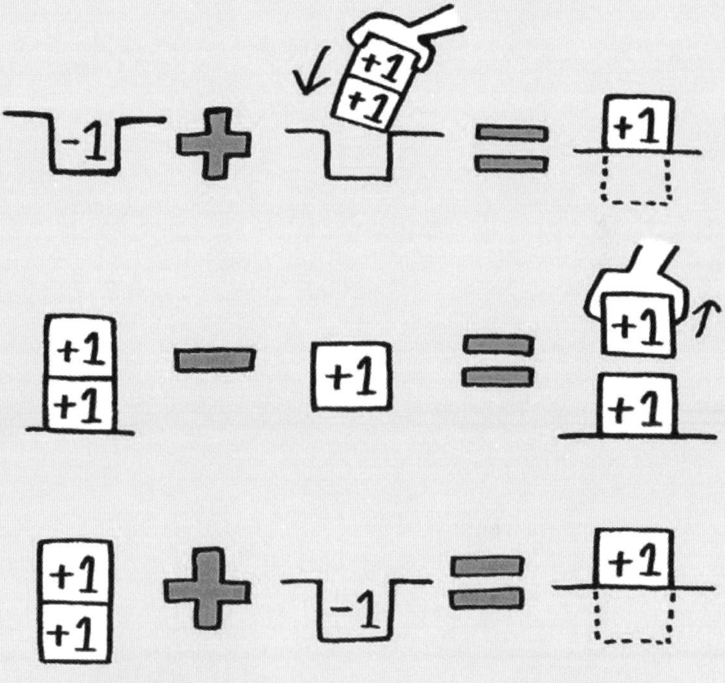

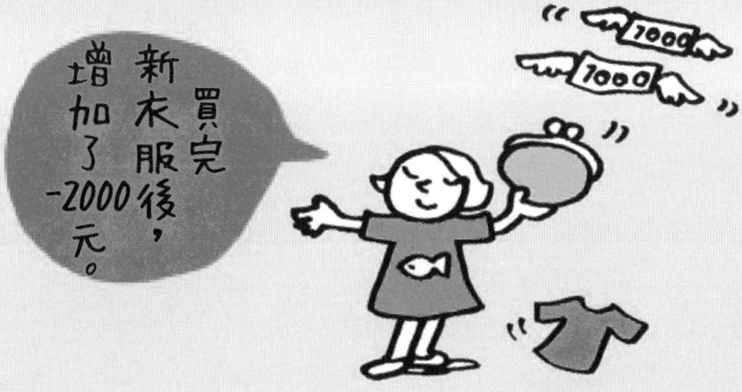

我們稍後會再詳細說明相關事項，這裡就來看看幾個整數的計算式與計算結果吧。

首先，正整數的加法結果，一定是正整數。像是

$$1+1=2, \quad 1+2=3, \quad 100+1000=1100$$

而負整數和正整數的加法結果，則需視數值大小決定，不一定是正數或負數。下面就舉出幾個例子。

$$-1+2=1, \quad -1+1=0, \quad -2+1=-1.$$

再來是乘法。這裡以最簡單的數值「＋1」和「－1」做為代表，認識一下計算的結構就好。若寫出乘法中每個數的符號，並以括弧括住每個數，可以得到以下結果。

$$(+1)\times(+1)=+1, \quad (+1)\times(-1)=-1,$$
$$(-1)\times(+1)=-1, \quad (-1)\times(-1)=+1.$$

「負數」乘上「正數」之後會得到「負數」，這可以理解成「將一個正數轉變成負數，再變成數倍」，應該沒那麼困難才對。不過最後一個計算──**「負數乘負數」後變成了「正數」**，或許就有必要說明一下。

事實上，有不少不常用到數學的人也會被這個問題困擾，所以這個問題必須嚴正看待。

11 畫出數線

將自然數延伸到比0還要小的數後，便形成了新的數字集合——「整數」。前面我們介紹了正、負號的意義，以及整數之間的計算規則。

學習新的數時，第一個該做的事就是「習慣這個數」。盡可能多做一些這種數的計算，和這種數交朋友。成為朋友之後，就會自然而然地想知道這種數背後有哪些性質。

只要對一項事物開始產生興趣，不管它隱含了多複雜的概念，最後都能弄懂。究竟人們是先習慣一項事物之後才產生興趣，還是先產生興趣之後才習慣一項事物呢？這個問題就像雞生蛋或蛋生雞一樣，是永遠沒有答案的問題。

以計算為主的數學領域稱做**「代數學」**，以圖形性質研究為主的領域稱做**「幾何學」**，想必各位應該都聽過這兩個領域。如果將整數依大小順序排成一列，可以得到如下數列。

$$...,-5, \quad -4, \quad -3, \quad -2, \quad -1, \quad 0, \quad 1, \quad 2, \quad 3, \quad 4, \quad 5,...$$

負整數　　　　　　　　　　正整數（＝自然數）

用這種幾何學的表現方式來說明整數的整體性質，聽的人也比較好理解。這裡我們可以為自然數加上正號，以強調整數的正或負。那麼，就讓我們一邊學習幾何學的語言，一邊談談**「數的幾何學」**吧。

幾何學的語言

幾何學中的**「點」**僅用來表示位置，沒有大小或範圍。

兩個「點」之間以一條線連接，稱做**「線段」**。固定線段的一個端點，將線段往另一個端點無限延伸，可以得到**「射線」**。如果將線段往兩個端點無限延伸，則可得到**「直線」**。

也就是說，數學上的「直線」，指的不只是直直的線，還得符合不存在「端點」這個條件。

不過，這也只是「數學上的定義」，我們不可能真的畫出「射線」和「直線」的圖，畢竟沒有人有「那麼大的筆記本」。

所以說，我們在筆記本上畫出「線段」之後，要發揮「想像力」想像它們是無限延伸的「射線」或「直線」。

連結數與圖的橋梁

　　知道這些幾何學語言之後，我們就可以用幾何學的方式表達數的性質了。從1開始，延伸至無限大的自然數，就像是端點為「1」的「射線」；同樣的，「負整數」就像是端點為「－1」的「射線」。

　　比較大的那邊（正數那邊）和比較小的那邊（負數那邊），都有無限多個「整數」。如果把這些整數都放在同一條「直線」上，那麼0也會是這個直線上的「一點」。

　　換個角度來思考，假設我們先畫一條直線，然後在線上「每隔一段固定距離」標上記號，這條直線就可以用來表示所

有整數，相當方便。這條直線又叫做**「數線」**，是連結代數學與幾何學的「橋梁」。

$$-5 \quad -4 \quad -3 \quad -2 \quad -1 \quad 0 \quad +1 \quad +2 \quad +3 \quad +4 \quad +5$$

不過，由上圖可以看出，整數只存在於數線上的特定位置，其他地方則是一片空白。也就是說，上圖雖然是一條直線，但直線上只有整數存在的位置有意義而已，整數之間的線段並沒有任何意義。

原本整數就像是彼此間隔一定距離排列而成的數字，若要忠實描述這樣的性質，只要將數的位置逐一以點標示，就可以表示一個個整數了，就像這樣

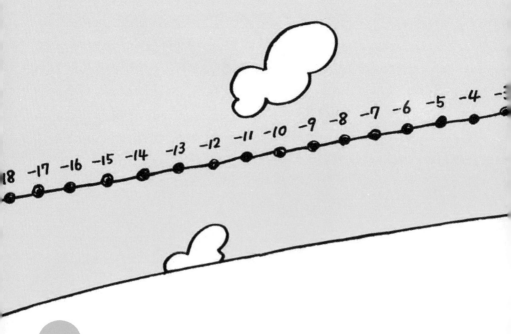

不過，感覺這樣的圖不太能刺激我們的想像力。在不久的將來，各位一定會學到整數之間的線段代表什麼樣的「數」，所以這裡我們就先用「直線」把每個點連起來吧。

在下一章中，我們會談到要怎麼利用這個圖，將數的計算轉變成「看得到的樣子」。

12 比較大小

看到這裡，想必各位應該都對「整數」和「數線」的概念相當熟悉了吧？從本章起，我們會以這些新概念為基礎，重新定義「自然數」的基本計算方法。

數的大小關係

前一章中介紹了什麼是數線，這裡就讓我們再畫一次。

$$-5 \quad -4 \quad -3 \quad -2 \quad -1 \quad 0 \quad +1 \quad +2 \quad +3 \quad +4 \quad +5$$

這條數線上，愈往右邊走數字愈大。當然，你也可以把數線反著畫，這時候愈左邊的數字就愈大。另外，你也可以把數線畫成往上下或者斜向延伸等等，想往哪個方向畫都可以。

不過不管是哪種數線，數的大小都必須依照固定的方向排列，往其中一端前進時，數字必定會愈來愈大或愈來愈小，絕對不可以在途中改變大小關係。

「不等號」是被用來表示兩數間大小的關係，也就是用「<」和「>」符號來表示數字間的大小關係。

數線上各個數字之間的大小關係，可以用不等號表示為

$$\cdots -5 < -4 < -3 < -2 < -1 < 0 < 1 < 2 < 3 < 4 < 5 \cdots$$

這件事「理所當然」到不會特別去注意。

確實，如果是像這樣連續寫出每個數，應該不會有人寫錯才對。要是取出上式中的一部分，就可以得到下面的不等式。

$$-4＜-3＜-2＜-1$$

我們還可以再切出更單純的$-3＜-2$或$-2＞-3$。如果把這個不等式寫成句子，就會是「負3比負2小」，或者是「負2比負3大」。

如果有某個調皮的人把這些句子中的「負」字擦掉，那麼句子的最後部分要怎麼改，才不會出現矛盾呢？請你仔細想想看。

首先是「負3比負2小」這個句子。把「負」擦掉後，要改成「3比2『大』」才對。同樣的，「負2比負3大」這個句子在「負」被擦掉之後，要改成「2比3『小』」才行。正負顛倒之後，「大於、小於」的關係也會反過來，請特別注意這點。

正數、負數以及絕對值

許多人在第一次聽到這件事的時候，都會覺得有些奇怪，不大能理解，感覺好像被騙了一樣。譬如說，當被問到「負5000和負5哪個比較大」的時候，有些人可能會想都不想就回答「5000」。因為這些人沒有弄清楚「哪個數比較大」和「哪個數與0的『距離』比較大」這兩個問題的差別。

哪邊比較大呢？請在 ☐ 內填入〈或〉。

① 哪邊的水比較多呢？

水壩水位 −1m　　　　　　水壩水位 −10m

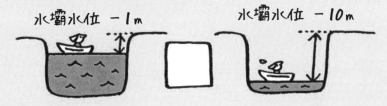

② 哪邊比較熱呢？

阿拉斯加 −20℃　　　　　南極 −45℃

③ 誰比較有錢呢？

房貸 −1000萬元　　　　零用錢不夠 −1000元

數線上，0的所在位置叫做**「原點」**。數線上某個數和原點的距離，則是這個數的**「絕對值」**。這個名字很有趣吧。

　　絕對值以0和1的距離為基準。拿正5和負5來說，這兩個點和原點的距離，都是「0和1的距離的5倍」，所以兩個數「絕對值皆為5」。很多人在比較負數的大小關係時，會誤以為是在比較負數與原點間的距離大小，請各位特別注意。

　　絕對值表示和原點「距離多遠」，是一種相當方便的工具，常見於許多數學領域，所以請你趁現在多認識它。數學式中，要表示一個數的絕對值時，會用兩條縱線「｜｜」夾住某個數，這個符號稱做**「絕對值符號」**。舉例來說

　　$|-5|=5,\quad |-5000|=5000,\quad |5|=5,\quad |5000|=5000$

最左邊的例子讀做「負5的絕對值是5」。

　　也就是說，我們可以用絕對值的符號表示：「不管是正5還是負5，它們和原點的距離都是5」。從絕對值的性質也能看出，以原點為界的正負整數，就像鏡子內外的影像般，擁有相同的結構。

　　了解到什麼是絕對值後，請試著自行確認以下不等式的大小關係是否成立。

　　$-5000<-5,\quad -5<5,\quad |-5|=5,\quad 5<|-5000|.$

讓我們來整理一下吧。若要知道兩數間的大小關係，只要知道這兩個數在數線上的位置就可以了。通常數線右邊的數會比較大。另外，0是數線上的原點，一數的絕對值就是這個數和原點之間的距離。絕對值符號是兩條縱線，被這兩條縱線夾住之後，出來的數一定是「正數」。而絕對值的這個特性，也常被用來表示「距離」。

　　以上，我們提到了整數的大小關係及絕對值的意義。可能有些人會覺得看起來很難，但只要冷靜下來想想看，就知道這一點也不難，請一定要試試看。

用 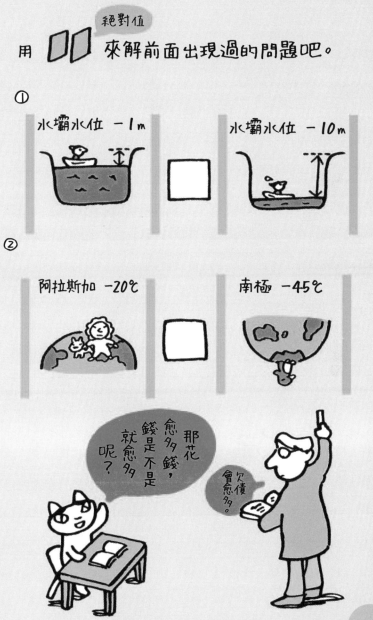 絕對值 來解前面出現過的問題吧。

13 有箭頭的數

讓我們再複習一遍整數的「大小關係」和「絕對值」。絕對值可以表示數線上的一個數和原點0的距離，不管這個數是正數還是負數。

除了數線，我們還可以用另一種方式來表示「幾何學中的整數」，也就是以下要介紹的神奇箭頭。

箭頭：有方向的數

數線是一種幾何學的數字表達方式，而絕對值則是一個數與原點的距離。我們明顯可以看出數線有「正整數位於原點右側，負整數則位於原點左側」這個特徵。

$$-5 \quad -4 \quad -3 \quad -2 \quad -1 \quad 0 \quad +1 \quad +2 \quad +3 \quad +4 \quad +5$$

有種有趣的方法可以圖像化這個特徵。

讓我們以數線右側的數「＋1」為例來說明吧。以原點為起點，「＋1」的位置為終點，可以畫出一個「箭頭」，並以這個箭頭表示「＋1」這個數，這是一個長度為1的右向箭頭「➡」，也叫做**「單位長的箭頭」**。將這個概念應用在其他整數上，「＋2」即是長度為2的箭頭，「＋3」為長度為3的箭頭，每個數線上的整數都可以畫出一個對應的箭頭。

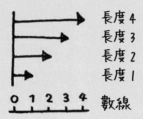

接下來，我們可以把前面提到的概念應用在原點左側的數——負數上。這很簡單吧，只要將箭頭的方向轉向左方就行了。箭頭長度的意義和畫正數箭頭一樣。

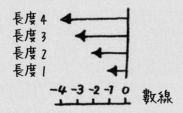

如以上兩圖所示，實際畫出來就可以明顯看出，箭頭長度其實就是這個數的絕對值。或者可以換個方式表達如下。

+1：向右・長度為 $|+1|=1$，　−1：向左・長度為 $|-1|=1$，

+2：向右・長度為 $|+2|=2$，　−2：向左・長度為 $|-2|=2$，

+3：向右・長度為 $|+3|=3$，　−3：向左・長度為 $|-3|=3$，

+4：向右・長度為 $|+4|=4$，　−4：向左・長度為 $|-4|=4$

如果將0視為一個「特例」——非向左也非向右，且**「長度為0的箭頭」**，那就代表所有整數都可以用箭頭表示。

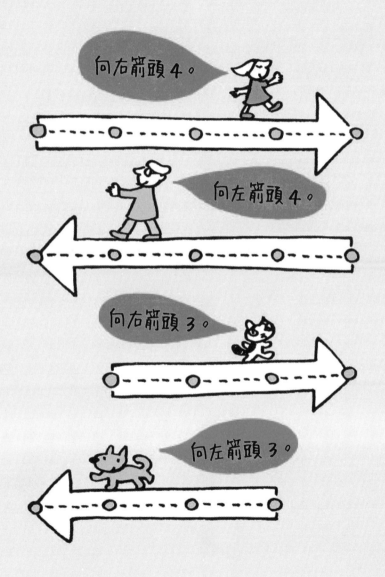

這種用來表示數的箭頭，英文叫做「vector」，中文則稱做**「向量」**。也就是說，所有整數都可以用向量表示。

怎麼計算向量

以上，我們提到整數可以用向量表示。接下來要說明的是，如何用向量來進行整數的運算。

最基本的向量，是代表整數「+1」，長度為1的向量，又稱做**「單位向量」**。讓我們從最簡單的計算：1－1＝0開始吧。為了用向量表示這個計算，首先要把算式改寫成

$$(+1)+(-1)=0$$

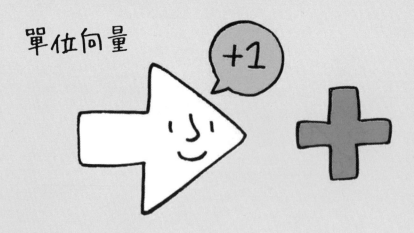

單位向量 +1

這麼一來，這個兩數相減的過程，就被改寫成長度1的向右箭頭「➡」，加上長度相同的向左箭頭「⬅」了。兩數相減的結果是0，與之對應這兩個向量相加後會得到「長度為0的向量」，也叫做**「零向量」**。

　　第10章中也有提到，只要在數字前加上「正號、負號」等符號，就可以將所有的減法「轉換成加法」。

　　另外，相加兩數的順序改變時，加法結果並不會改變——這個規則稱做**「交換律」**。譬如以下這個例子。

$$5+3=8, \quad 3+5=8.$$

零向量

不過，減法就不適用這個規則了。

$$5-3=2, \quad 3-5=-2$$

像這樣，減法中的交換律不成立。

但如果像剛才說的，將所有數加上符號，把減法轉換成加法的話，交換律就會成立。譬如說

$$5-3=(+5)+(-3)=(-3)+(+5)=2$$

由此可以看出，減去一個箭頭，就相當於加上一個反方向的箭頭。也就是說，如果用箭頭來描述這個計算

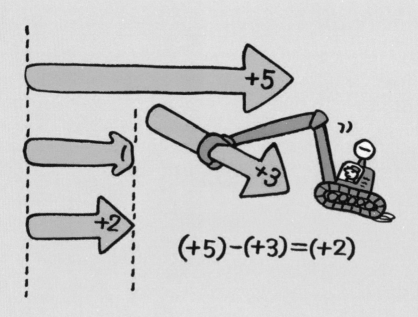

$$(+5)-(+3)=(+2)$$

$$\overrightarrow{\hspace{1.5cm}} - \overrightarrow{\hspace{0.8cm}} = \overrightarrow{\hspace{1.5cm}} + \overleftarrow{\hspace{0.8cm}} = \overrightarrow{\hspace{0.8cm}}$$
$$(+5) \quad - \quad (+3) \quad = \quad (+5) \quad + \quad (-3) \quad =(+2)$$

可以看出長度3的向左箭頭可抵消掉長度3的向右箭頭，最後
「剩下長度2的向右箭頭」。

　　以上介紹了什麼是向量，也就是「將整數計算轉換成箭頭
計算的方法」。或許有些人會覺得這只是將簡單的計算變得更
複雜、變得更麻煩而已。不過在各位習慣這個概念之後，未來
碰到各種相關的計算方法時，可以更快上手。

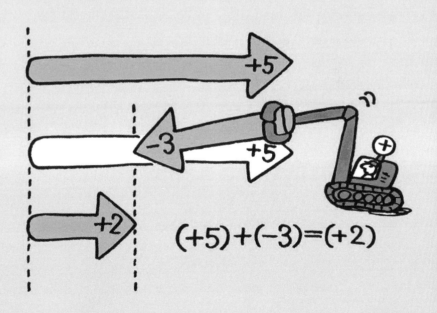

$$(+5)+(-3)=(+2)$$

14 反轉向量

前一章中學到，我們可以將整數視為名為向量的「箭頭」，並用來改寫整數間的加減法。在實際的計算過程中，**「減去一個箭頭」可以轉換成「加上一個反向的箭頭」**。

讓我們再看一次這個圖，再次確認要如何計算向量。

$$\longrightarrow - \longrightarrow = \longrightarrow + \longleftarrow = \longrightarrow$$
$$(+5) \quad - \quad (+3) \quad = \quad (+5) \quad + \quad (-3) \quad =(+2)$$

在這個計算中，各位會運用向量來求整數加減後的答案。但事實上，這個過程不是只有加減的運算而已，還隱藏了一種神秘的計算。讓我們一步步說明這個神秘的計算是什麼吧。

反轉再反轉後是什麼？

提示就是上方句子「『減去一個箭頭』可以轉換成『加上一個反向的箭頭』」中的「反向」這個字。

就不賣關子了。這個神秘的計算，其實就是「乘法」，那麼這個乘法究竟是乘了什麼數呢？

用長度為1的向右箭頭「➡」表示數「+1」，用長度為1的向左箭頭「⬅」表示數「−1」。想必大家應該已經很熟悉這個概念了。

那麼，這兩個向量之間又有什麼樣的關係呢？首先，兩者的絕對值皆為1。|+1|＝|−1|＝1，這表示兩個向量的長度都是1。

而這兩個向量的和為

$$\vec{\rightarrow} + \vec{\leftarrow} = \vec{\leftarrow} + \vec{\rightarrow} = \textbf{零向量}$$
$$(+1)+(-1)=(-1)+(+1)= \quad 0$$

也就是「長度為0的向量」。

在一般的數字計算中，任何數乘上1時，答案都是原本的數，「沒有任何變化」。這在向量的計算上也一樣。

將單位向量「$\vec{\rightarrow}$」乘以兩倍後，會得到一個方向相同且長度為2的向量；乘以三倍後，會得到一個方向相同且長度為3的向量；乘以「一倍」後，這個向量會「保持原樣」，不產生變化。

$$2\times \vec{\rightarrow} = \vec{\longrightarrow} \qquad 3\times \vec{\rightarrow} = \vec{\longrightarrow}$$
$$2\times(+1)= \ +2, \qquad 3\times(+1)= \ +3.$$

那麼，如果將單位向量「$\vec{\rightarrow}$」乘以「負一倍」的話，又會如何呢？如果是數字的話，計算的過程相當簡單：$-1\times1=-1$。對應到向量的計算時，可寫成下方算式。

$$1\times \vec{\rightarrow} = \vec{\rightarrow} \qquad -1\times \vec{\rightarrow} = \vec{\leftarrow}$$
$$1\times(+1)= \ +1, \qquad -1\times(+1)= \ -1.$$

向右單位向量「$\vec{\rightarrow}$」乘以「負一倍」後，方向會反轉，變成向左且長度為1的向量「$\vec{\leftarrow}$」。

也就是說，向量乘上負1之後，方向會有180度的改變。這和一般的數乘上正數或負數時，符號會改變是一樣的。

那麼，如果乘上兩次負1的話，會發生什麼事呢？向量會先旋轉180度，再旋轉180度，所以這個向量的方向會「剛好旋轉360度」。先「反轉」、再「反轉」，結果就和沒轉一樣。

用先前的方式來表示的話，就像這樣

$$-1 \times [-1 \times \quad\rightarrow\quad] = -1 \times \quad\leftarrow\quad = \quad\rightarrow$$
$$-1 \times [-1 \times (+1)] = -1 \times (-1) = +1$$

×(−1)

這個算式也可以寫成這個樣子

$$[-1\times(-1)]\times\ \blacktriangleright\ =\ \blacktriangleright\ =1\times\ \blacktriangleright$$

若只取出數字部分來看的話,可以得到

$$-1\times(-1)=1,\ \ 也就是,\ \ (-1)^2=1$$

這個我們熟悉的結果,很有趣吧。

製作整數的乘法表

讓我們整理一下以上結果,如果「只列出符號」的話,可以寫出以下的乘法表。

$$①正 \times 正 = 正$$
$$②正 \times 負 = 負$$
$$③負 \times 正 = 負$$
$$④負 \times 負 = 正$$

　　整數可以分成正整數和負整數兩種。所以在討論整數乘法時，可以將被乘數分成正負兩種，乘數也同樣分成正負兩種，共分成四種組合來討論。

　　由以上結果，可以看出各種整數組合在相乘後，分別會得到什麼結果。上表可再改寫如下。

整數 × 整數
$$\begin{cases}①：正整數 \times 正整數 = 正整數 \\ ②：正整數 \times 負整數 = 負整數 \\ ③：負整數 \times 正整數 = 負整數 \\ ④：負整數 \times 負整數 = 正整數\end{cases}$$ 結果為整數

由此可以看出，相乘的結果確實也是「整數」。

$$(＋) \times (＋) = (＋)$$

$$(＋) \times (－) = (－)$$

$$(－) \times (＋) = (－)$$

$$(－) \times (－) = (＋)$$

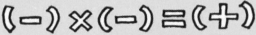
牙鮃 × 牙鮃 = 鰈魚…

這樣的結果十分均衡、十分美麗。

在數學的領域中，我們可以自由改變計算規則。要是將前表中④號算式的計算結果改為「負整數」的話，會變成什麼樣子呢？改完後，四種乘法中只有一種乘法（①號算式）會得到正整數的答案，其他三種乘法都會得到負整數的答案。這麼一來，表中的正負符號便無法平衡。

如果你有興趣的話，可以試著改變其他地方，創造出獨特的計算規則。這樣就可以理解到表中的乘法算式組合有多美妙。

向量與整數

為了不要讓整數的計算出錯，前一章中我們將整數標在名為「數線」的直線上，並介紹名為「向量」的箭頭，從幾何學的角度說明了整數計算的具體意義。

讓我們整理一下這些計算方法吧。以下會用實際例子，說明該如何用向量來計算整數的乘法。

整數計算與向量表示法

就和之前一樣，從「自然數的誕生」開始說明，可以幫助我們理解整數的計算。最小的自然數是1，而陸續加上1之後，便可得到一個個自然數。

$$1, \quad 1+1=2, \quad 2+1=3, \quad 3+1=4, \quad 4+1=5,...$$

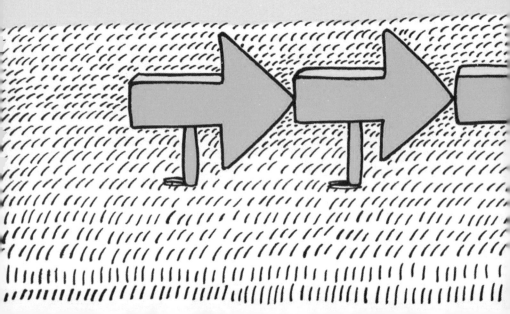

由上述結果可以知道，這一個個自然數，分別代表含有多少個1，也就是1的多少倍。

1，1×2＝2，1×3＝3，1×4＝4，1×5＝5,...

若用向量來表示的話，則如下圖所示。

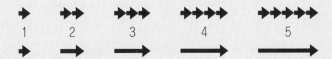

接下來，還可以將負整數納入這種計算方式。讓我們用同樣的方法試試看吧。首先是比0還要小1的「最大負整數－1」，然後陸續加上－1。這也相當於在－1的右側乘上一個個自然數。

$$-1,$$
$$-1+(-1)=-2, \quad -1\times 2=-2,$$
$$-2+(-1)=-3, \quad -1\times 3=-3,$$
$$-3+(-1)=-4, \quad -1\times 4=-4,$$
$$-4+(-1)=-5, \quad -1\times 5=-5,$$
$$\vdots \qquad\qquad \vdots$$

我們可以用向左的箭頭來表示對應的向量。

另外，$-1+1=0$可以得到「零向量」，也就是「長度為0的向量」。這個計算可以用

$$-1 \; + \; 1 \; = 0,$$

$$\longleftarrow \; + \; \longrightarrow = \textbf{零向量}$$

這樣的方式表示。

　　由以上關係可以看出，減去一個正整數，可以視為加上一個負整數。另外，互相對應的正負整數，與原點0的距離相等。這段敘述可以用絕對值的符號寫成

$$|1| = |-1| = 1,$$
$$|2| = |-2| = 2,$$
$$|3| = |-3| = 3,$$
$$|4| = |-4| = 4,$$
$$|5| = |-5| = 5,$$
$$\vdots$$

這樣的算式，同時也代表著「兩種向量的長度相等」。另外，向量乘上一個負數的運算，可以理解成「反轉向量」。

$$-1 \times \ 1 = -1, \quad -1 \times (-1) = 1,$$
$$-1 \times \ \blacktriangleright = \blacktriangleleft \quad -1 \times \ \blacktriangleleft = \blacktriangleright$$

讓我們用上述結果實際計算看看吧。

以1－4為例

$$1 \ - \quad 4 \ \ = 1 + (-1 \times 4) = \ \ -3$$
$$\blacktriangleright - \ \blacktriangleright\blacktriangleright\blacktriangleright\blacktriangleright = \blacktriangleright + \ \blacktriangleleft\blacktriangleleft\blacktriangleleft\blacktriangleleft = \blacktriangleleft\blacktriangleleft\blacktriangleleft$$

減去四個向右箭頭，可以想成是加上四個向左箭頭。其中一對箭頭左右相消，剩下的三個向左箭頭就是答案。也就是說，答案是－3。

那麼，1－(－3)又是如何呢？

令人意外的是，碰上「減去一個負數」的計算時，很多人會算錯。而這正是活用向量計算的時候。

$$1 \ - \ (-3) = 1 + [(-1) \times (-3)] = \quad 4$$
$$\blacktriangleright - \ \blacktriangleleft\blacktriangleleft\blacktriangleleft = \blacktriangleright + \quad \blacktriangleright\blacktriangleright\blacktriangleright \quad = \blacktriangleright\blacktriangleright\blacktriangleright\blacktriangleright$$

上方的算式中，用到了向量反轉時的計算規則。

在計算含有負數的算式時，如果一時之間不曉得算式的意義，可以像這樣畫成箭頭，改從向量的角度思考，再慢慢算出答案。計算練習時，小心謹慎是基本條件。

箭頭的魔術秀

轉換成位元

在計算負整數的時候，常會用到「−1」這個關鍵的數。而這個數的平方$(-1)^2=1$也有著很重要的意義。

來看看如果(-1)一直乘上自己的話，會得到什麼結果吧。

$$(-1)^2=(-1)\times(-1)=1,$$
$$(-1)^3=(-1)\times(-1)^2=-1\times\ (1)\ =-1,$$
$$(-1)^4=(-1)\times(-1)^3=-1\times(-1)=\ \ 1,$$
$$(-1)^5=(-1)\times(-1)^4=-1\times\ (1)\ =-1,$$
$$\vdots$$

就算不繼續看下去，應該也才猜得到後面的計算會是什麼答案吧。其實就是正1及負1的交替重複而已。

我們可以利用這種計算規律製作出一台有趣的機器。丟入自然數後，機器會自動判斷是「偶數」還是「奇數」。

如果(-1)右上方的自然數是偶數的話，計算結果就會是「+1」；如果是奇數的話，計算結果就是「−1」。若為這台機器加裝一盞燈，並使亮燈（○）與暗燈（●）分別對應到兩種計算結果，就成為了自然數的「奇、偶數判定裝置」。

在(-1)的右上方填入各種數字時，燈的狀態也會有不同變化，故可得到

$$2\Rightarrow1：○ \qquad 7\Rightarrow-1：● \qquad 23\Rightarrow-1：●$$
$$1024\Rightarrow1：○ \qquad 1111\Rightarrow-1：●$$

這幾種情況。

　　像是1和－1或者是1和0這種由兩個數字排列而成的序列，皆可視為二進位數。其中，一個位數就是「**1位元**」。順帶一提，八個位元可以組成「**1位元組**」。

　　看到這裡，想必整數的計算應該再也難不倒你了吧。只要畫出一個個向量，每個人都應該能確實算出正確答案才對。請你也試著自己出題，並自己回答吧。

113

16 鏡中的無限

我們在前面曾介紹過自然數和無限之間的關係。其實自然數就是「正整數」，那麼，正整數能不能用來描述**「整數的無限」**呢？而這種無限的範圍，會不會超出自然數的無限呢？還是說⋯⋯。

複習自然數的無限「阿列夫零」

讓我們先複習一下和自然數有關的「無限」吧。最小的自然數是1，陸續加上1之後，便可得到一個個自然數。

$$1, \quad 1+1=2, \quad 2+1=3, \quad 3+1=4, \quad 4+1=5,...$$

自然數沒有所謂的「終點」，因為我們可以一直加上「下一個1」，所以「自然數有無限多個」。

如果一個集合內的各個物體可以和自然數逐一對應，就表示「這些物體可數」。如果這種對應關係沒有盡頭（可以無限對應下去），就表示這些物體的數量和自然數相同。

這種自然數的無限又叫做**「阿列夫零」**。它象徵著數與數之間有多緊密，也叫做**「數的基數（cardinality）」**。

另外，「阿列夫」可以寫成希伯來字母的ℵ。這個字母相當於「英文字母的a」，但沒有什麼特殊意義。

由以上敘述可以知道，能和自然數逐一對應，且沒有盡頭的「無限」，都可以用「阿列夫零」來表示。譬如說，自然數中的偶數與奇數，都可以用自然數逐一編號。

```
奇數： 1    3    5    7    9   11   13   15   17   19   21   23 …
      ↑    ↑    ↑    ↑    ↑    ↑    ↑    ↑    ↑    ↑    ↑    ↑
自然數：1    2    3    4    5    6    7    8    9   10   11   12 …
      ↓    ↓    ↓    ↓    ↓    ↓    ↓    ↓    ↓    ↓    ↓    ↓
偶數： 2    4    6    8   10   12   14   16   18   20   22   24 …
```

這表示不管是奇數或偶數，都與自然數的數量相同；這些數的集合都擁有「阿列夫零」的基數。

我們可以用除以2之後的餘數，將自然數分成奇數和偶數兩大類；也可以除以3後分成三類，除以4分成四類也沒問題。不管如何，每一類的基數都會和「阿列夫零」相同。

這些由自然數的「部分」所組成的集合，卻和自然數「整體」相同，這就是無限的神奇之處，也是無限的神秘之處。

整數的無限

　　那麼，「整數」的無限又是哪一種呢？

　　整數在正數方向和負數方向上都會無限延伸。就像是在0的位置放一面鏡子，映出自然數的倒影一樣，鏡子兩邊的數都有無限多個。直覺上來看，應該會認為整數的數量是「自然數的兩倍」才對，那麼實際上又是如何呢？

　　另外，與自然數不同，整數並沒有像1這種「可以視為起始的數」。

為了計算這種「在兩個方向皆為無限」的整數有多少個，必須先做一些前置工作。首先，選擇「0」做為起始數字。然後依照下列順序，將各個整數正負交替排列：「＋1」、「－1」、「＋2」、「－2」、「＋3」、「－3」……。這裡為了讓數的正負更加清楚，特別將正號「＋」也標記出來。

0, ＋1, －1, ＋2, －2, ＋3, －3, ＋4, －4, ＋5, －5, ＋6, －6,...

前置工作完成後，所有整數便排成了一列，而且沒有任何一個整數遺漏。這樣問題就解決了。

這個數列中，最左邊的數開始，分別是「起始整數 0」、「第二個整數 ＋1」、「第三個整數 －1」、「第四個整數 ＋2」、「第五個整數 －2」……像這樣為每個整數標上編號之後，就可以看出整數和自然數之間有一對一的關係。

```
整數： 0  +1 -1 +2 -2 +3 -3 +4 -4 +5 -5 +6 …
       ↑  ↑  ↑  ↑  ↑  ↑  ↑  ↑  ↑  ↑  ↑  ↑
自然數：1  2  3  4  5  6  7  8  9 10 11 12 …
```

換言之，**「整數的基數」和自然數的基數同樣屬於「阿列夫零」**。嚇到了嗎？

以上，我們討論了整數的無限。

雖然整數往正數方向和往負數方向都是無限多個，然而整數的集合卻和自然數一樣，都是「阿列夫零」。這也是無限的神秘之處。愈是了解，愈是覺得神奇。這就是「無限」。

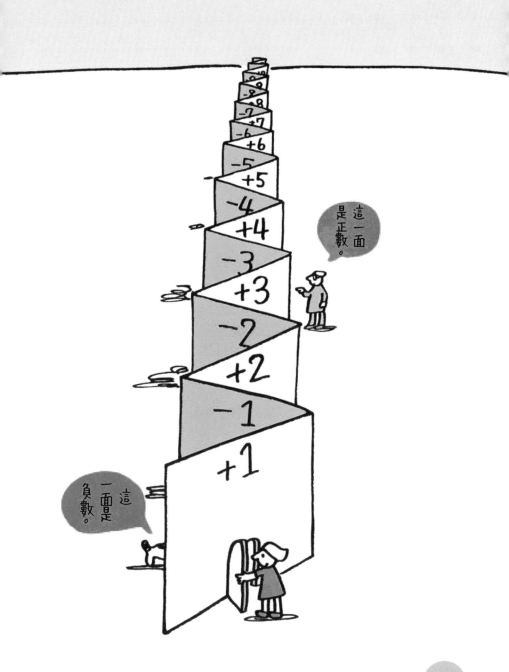

17 轉動向量

本章要介紹的數不只常見於數學領域，也是在處理原子、分子等現代物理學的最新問題時會用到的數，是「眼睛看不到的數」，也是「要用內心感受的數」——那就是「**虛數**」。雖然討論的主題好像跳得有點快，但其實我們早已做好了準備。就看各位能不能發揮想像力，盡情徜徉在虛數的天空中。

那麼就開始吧，一起踏上虛數之旅！

複習「向量的反轉」

在前面談到整數的乘法，特別是負數的乘法時，我們曾借用幾何學中的向量來理解乘法的操作。先複習一下吧。

我們可以用長度為1的箭頭「➡」來表示「＋1」，這又叫做單位向量。而當箭頭乘上「－1」時，就代表要反轉箭頭的方向，原本朝右的向量就會變成朝左的「⬅」。

$$-1 \times ➡ = ⬅$$

這相當於把箭頭轉動180度，使其方向反轉。所以如果再乘一次「－1」的話

$$-1 \times [-1 \times ➡] = -1 \times ⬅ = ➡$$

就相當於轉動360度（180度×2＝360度），和原本的箭頭完全相同，就像完全沒有轉動一樣。

以上敘述可以幫助我們理解

$$(-1) \times (-1) = 1$$

複習向量的反轉。

這個算式的意義，接著請**想像一下這個計算的「中點」**會是什麼樣子。

　　這個計算說明了一件有趣的事。我們以前總認為自然數「1」是「最基本的數」，但現在看來似乎不一定如此。讓我們再重新思考一次「基本」這個詞是什麼意思。

　　只要準備足夠多的「1」，就可以寫出自然數的數列：

$$1 = 1,$$
$$1 + 1 = 2,$$
$$2 + 1 = 3,$$
$$3 + 1 = 4,$$
$$\vdots$$

而且絕對不會出現「−1」。不過，只要準備兩個「−1」，就可以由$(-1)^2 = 1$這個簡單的算式製作出「1」。

　　就算口袋裡再多的「1」，也無法製作出「−1」；但只要有「−1」，就可以製作出「1」和「−1」。這麼看來，持有「−1」應該會比持有「1」還要方便吧？

　　像這樣，**當某數可以製作出另個數，但顛倒過來卻無法成立的話，我們就會認為做為基礎的某數是「比較基本的數」。**由此看來，「−1」應該是比「1」還要基本的數才對。

用內心感受的數──「虛數」

數「−1」可以讓向量旋轉180度，因此是比「1」還要「基本」的數。

$$(-1)^1 = -1,$$
$$(-1)^2 = 1,$$
$$(-1)^3 = -1,$$
$$(-1)^4 = 1,$$
$$(-1)^5 = -1,$$
$$\vdots$$

兩個「−1」可以製作出一個「1」；那麼，「−1」又是由什麼東西製作而成的呢？

有沒有哪個數在自己乘自己之後會得到「−1」呢？如果有這種數的話，這種數應該可以讓向量旋轉180度的一半才對，也就是「讓向量旋轉90度」。

如果執著在有沒有這種數的問題上的話，就討論不下去了。所以，就先假設有這種數，並將其寫為「i」，之後的話題就以它為中心繼續討論下去。

那麼，i又是什麼樣的數呢？由前面的討論可以知道，i就是一個自己乘自己之後，可以得到「－1」的數。

$$i \times i = -1.$$

而且，i也是一個可以讓向右的向量逆時鐘旋轉（往左旋轉）90度的數。也就是說

$$i \times \blacktriangleright = \blacktriangle$$

另外，i在連乘之後可以得到以下結果：

$$i^2 = -1, \quad i^3 = i \times (i^2) = -i, \quad i^4 = -(i \times i) = 1, \quad i^5 = i \times 1 = i,...$$

由此可知「−1」自乘兩次後可以得到「1」，「i」則是自乘四次後可以得到「1」。

綜上所述，乘一次 i 可以讓向量旋轉90度；乘四次 i 後可以剛好繞一圈，旋轉360度。

用向量來表示的話：

這個比起「+1」以及「−1」都還要基本的「基本的數 i」，就稱做「虛數」，英語是「imaginary number」，直譯的意思為「想像中的數」。符號「i」就是源自英語的首字母。

平方後為「−1」的數沒辦法對應到世界上的任何實際事物。過去很長的一段時間內，人們認為虛數只是數學想像中的數，和現實世界一點關係都沒有。直到二十世紀初左右，描述原子及分子世界的物理理論**「量子力學」**登場後，人們才找到了它在現實中的應用。

若要寫出量子力學中的基礎方程式，一定得用到虛數才行。**描述原子時需用到虛數，而我們都是由原子組成的，這表示，虛數是了解我們自己時不可或缺的工具。因此，虛數可以說是最基本的數。**未來，數學和物理學會持續發展下去，各位一定也會愈來愈常接觸到虛數的概念。

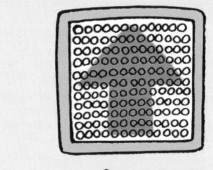

「虛數」就是
將箭頭旋轉 90 度。

虛數
看不到
也摸不到。

imaginary number

但仍存在於
我們的心中。

18 2001 數學漫遊

　　對我們來說，可能不太熟西曆的「世紀」；直到「上個世紀末」時，世紀末以及新世紀的概念才逐漸滲入生活中。

　　《2001太空漫遊》是相當有名的SF電影。2001年這個數字並沒有什麼特別的意義，因為是拍攝於上個世紀中葉左右，為了表示「想像中的未來」才放了一個未來的年份。

　　當時的孩子們想像著，太空旅行和人工智慧在2001年已隨處可見。或許這也可以算是一種數字的魔術吧。那麼各位想像中的未來是發生在哪一年，是什麼樣子呢？

　　接下來會談到很大的事物以及很大的數字。也會提出一些問題，請你試著回答看看。那麼就開始囉。

在宇宙中穿梭

　　包含國際太空站在內，我們的頭頂上有各種人造衛星。人造衛星早已不稀奇，也可以說，已經沒什麼人在意了吧。或許在不久的未來，你就會是飛出地球，活躍於太空中的太空人。

　　那麼，這裡先問各位幾個問題。**國際太空站的軌道距離地表多遠呢？或者這麼問，國際太空站的高度是多少呢？**相當於幾個日本列島的縱長呢？如果有一條直直往上的高速公路，那麼車子要開多久才能抵達呢？

　　其實「國際太空站」並不遠，大約位於300km的高空。相當於連接東京和名古屋的東名高速公路，車程大概三小時。這個答案讓人很意外吧，感覺太空一下子變近了。

應該有不少人知道國際太空站只要約九十分鐘就能繞地球一圈吧。那麼下個問題是：**地球的周長，也就是赤道周長大約是多少呢？**學校說不定有教過喔。

赤道周長約為40000km（你可能會以為是先定出1km的長度，再測量赤道的長度。不過事實正好相反。原本「公尺m」這個長度單位，就是以地球周長的實測數值決定的。雖然現在的公尺定義和以前不同，但實際長度差不多）。

接下來是和衛星轉播有關的問題。衛星轉播時，人們會先將訊號送上高空的衛星，衛星再將訊號送回至地表的學校或家庭。那麼，**這種人造衛星的高度有多高呢？**

這個高度約為36000km，大約是赤道周長的九成。明明可以自由設定高度，為什麼要選擇這個高度呢？因為在這個高度時，衛星的運動和地球自轉週期相同，都是二十四小時繞一圈。所以從地表看上去時，衛星一直在同一個位置。

事實上，在重力的影響下，地球周圍物體的高度和它們的軌道週期會遵循**「克卜勒定律」**。這個定律是太空中最重要的定律之一。

日本衛星轉播所使用的衛星會一直停留在赤道上，東經一百一十度的高空，就如同靜止一般。這種衛星也叫做「同步衛星」。所有用來接收衛星轉播訊號的「碗狀」拋物面天線，都會朝向這個位置。

阿波羅的宇宙

再來是最後一個問題。在各位出生之前，我們人類就已經成功進行了月球探險。不過，最近似乎有些人「不曉得發生過這件事」。1960年代時，美國**「阿波羅計畫」**的目的就是登陸月球。那麼，**地球和月球距離多遠呢？**

答案是約380000km，和國際太空站的300km比較看看。

300km ⟷ 380000km

兩者的差異大到很不可思議對吧。就像是零用錢300元的人拿到了38萬元的壓歲錢一樣。

光速一秒鐘可以前進300000km，即使是那麼快的光速，也要花一秒以上才能走完這段距離。這麼遠的距離卻有好幾位年代遠比各位的爺爺更早期的人，曾經漫步在月球表面上，還採集了月球上的石頭標本回到地球。

如果地球和月球之間有道路的話，車子要花多久才能抵達月球呢？請試著計算看看。用步行的話，又要花多久呢？

在天文學中，將地球與太陽之間的距離稱做「**一天文單位**」。即使是光，也要花約500秒才能走完這段距離。各位看到的太陽，其實是500秒前的「過去的太陽」。

如果100m跑進10秒內，就有機會參加奧運。而用兩小時出頭就跑完42.195km的馬拉松跑者，會用多快的速度跑100m呢？如果他們朝著太陽跑去，又要花幾年才能跑完呢？

請你試著用身邊常見的長度，算算看天文學上的距離。**在數學的應用上，掌握數字的大小是相當重要的事。計算有限大的數時，會碰上與計算無限大時不同的難題。**不過兩種都很有趣，兩種都很重要。

數學和物理的差別

物理學中常會用到數學。伽利略曾說過「自然是用數學語言寫成的書」，強調數學的重要性。就像伽利略說的一樣，在物理學中，數學是一種語言，也可以說是一種表達方式。

不過，研究數學本身的數學家，和利用數學解釋自然現象的物理學家，兩者看待數學的角度並不相同。

在數學領域中，只要數學上沒有矛盾，就可以做出許多無邊無際的推論。不過在物理學領域中，就算數學式寫得很漂亮，要是沒辦法由實驗「確認到現實情況和數學式寫的一樣」的話，這個數學式就沒有「物理學上的價值」。

因此數學家和物理學家眼中的數值，「意義」也不一樣。

前面介紹的國際太空站高度、地球周長、地球和太陽之間的距離等等，都是經過多次反覆觀測之後獲得的數值，也就是所謂的實驗值。

在開發出新的實驗方法之後，測量到的實驗值也會愈來愈精密。不過並沒有所謂「絕對正確的數值」。隨著時間的經過，實驗值的末位數字也會一直更新。

另一方面，數學中比較常用的是「固定值」。不管是百位數還是千位數，每一位數都有其意義。要是用不同的計算方法，算出稍有不同的結果，就表示一定有某個地方計算錯誤。換句話說，用某種數學方法計算出來的數值，可以直接代表這種數學方法是否正確。

　　像這樣去思考數值所代表的意義，就能明白在描述自然現象時，隨著欲處理之問題的不同，會有不一樣的數值。也就是說，我們會視問題的需要，使用不同精度的數值。

　　現今可以使用GPS衛星，以高精密度測量地面上各種東西的位置，譬如道路、建築物、高山、河流等等。不過，並不是測量任何東西時都要用最高的精密度。隨著問題的不同，需要的精密度也不一樣。

　　舉例來說，一般的住家位置要是差了1公分，就會引發爭執。要是差了1公尺，就會造成土地交易時的大問題。另一方面，如果是汽車導航的話，就算地圖和正確位置差了1公尺，應該也不會因此而錯過十字路口的位置。

　　所以說，數學和物理學彼此的關係相當親密，相輔相成。但兩者對數值的態度並不一樣，會從不同的角度看待數值。

19 把昨天和今天都歸納起來吧！

　　要立足在這個社會上，成為獨當一面的人，最需要的就是建立起自己的思路，培養自己的思考能力。而我們到學校，就是為了學習及體會如何思考。

　　依照特定順序，將一個個概念連接起來，了解整體的意義，這就是「邏輯性的思考」。

邏輯性的思考

　　訓練邏輯性的思考時，最重要的是國語的學習。我們會用語言來思考、用語言來表達我們的想法，所以國語的學習十分重要。

　　不過，判斷自己思考的結果「是正確還是錯誤」，卻是個相當困難的問題。

　　因此數學的學習就變得相當重要。

人類的思考再怎麼慎重、再怎麼仔細，一定也會出現錯誤。如果是社會或生活中的一般性問題，問題本身通常過於複雜，就算自己的想法出錯，也很難立刻發現錯在哪裡。出現錯誤時，可能還會找藉口掩飾、找其他理由搪塞，假裝沒看到問題，不願面對問題的本質。

不過在數學領域中碰到問題時，可以用相對簡單的方式判斷自己的想法是否正確。舉例來說，我們可以試著用兩種不同的方法，計算同一道已經知道結果的題目。因為在數學領域中，就算計算方法不同，結果也一定相同。要是兩種方法的結果不同，就表示自己的想法一定哪裡有錯，沒有其他可能。

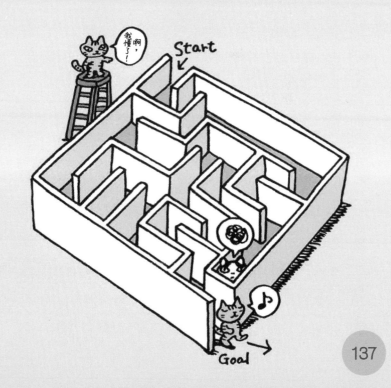

在數學領域中，只要不對自己說謊，不蒙蔽自己的眼睛，就可以在沒有其他人的幫助下，靠自己的力量，學習到正確的概念。很少有學問可以做到這點。

因此，認真學習數學，可以培養邏輯性的思考方式，讓自己的心靈不再弱小，成為連桃太郎都會嚇一大跳的「正義與真實之人」！

歸納和演繹

邏輯性的思考，大致上可以分成「歸納法」和「演繹法」兩種。

以下將分別說明這兩種方法的特徵。

首先，歸納法指的是由各式各樣的發現結果——「真理的碎片」，推導出適用於整體之概念的方法。

舉例來說，如各位所知，以下算式皆正確。

$$1+2=2+1=3,$$
$$2+3=3+2=5,$$
$$3+4=4+3=7,$$
$$4+5=5+4=9.$$

由以上計算結果可以「猜想」出「所有自然數的加法，即使改變順序，結果仍不會改變」。

像這種，**基於具體的個別案例，推論整體情況的方式，就叫做「歸納法的思考方式」。**

歸納法

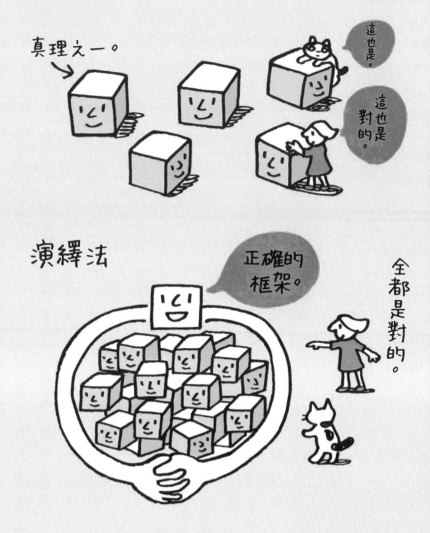

真理ㄟ一。

這也是。

這也是對的。

演繹法

正確的框架。

全都是對的。

不過，只靠這些仍無法做到「數學上的證明」。

因為就算舉出了很多具體的例子，只要沒辦法確定每一種情況都正確，就可能出現例外，陷入「例外的恐懼」。

另一方面，如果一開始能確定計算框架的話就不一樣了。譬如說，要是知道

（第一個自然數）＋（第二個自然數）
＝（第二個自然數）＋（第一個自然數）

成立的話，便可以由這個等式，輕鬆推導出前面幾個具體例子。這種**從基本原理推導出具體例子的方法，叫做「演繹法的思考方式」。**

換一種方式來說，由「特例」推導至「一般情況」的方法叫做「歸納法」；反過來由「一般方法」推導至「特例」的方法則叫做「演繹法」。當然，兩種方法都很重要，只靠其中一種方法的話，效果相當有限。要同時善用這兩種方法，才能夠推導出比較有深度的結論。

一邊歸納一邊前進吧！

不過，**學習過程仍有所謂「正確的順序」。**若能照著「正確的順序」學習，就可以得到有意義的結果，不會學到多餘的事物。

近年來，人們已可用便宜的價格買到小型的高性能電腦，因此某些小學也開始將電腦的使用納入教材中。不過，就算電

腦的功能再怎麼強大，也不會有人主張「把所有數學都交給電腦，我們只要思考數學以外的事就好」，因為數學就是那麼有趣、那麼有挑戰性。

親身體驗許多特例，試著歸納各種事物，這種實際動手操作的經驗，對各位來說才是最重要的。演繹法的思考方式和證明過程在這之後。

電腦是歸納法的工具，只能計算實際的例子。換言之，電腦可以代替各位去做那些對各位來說相當重要的、需要實際動手的計算——這裡有個相當危險的陷阱。就算科學再怎麼發達，也不會出現「可以用演繹法思考，並證明問題的電腦」。

因此，數學研究的本質中，並沒有那麼重視電腦。**站在人類的「立場」來說，為了盡可能發揮出自己的能力，自己要先**

熟悉基本的計算，磨練出對數學的感覺才行。

幾乎所有的大學者們，小時候都是喜歡「特例」的人。在他們那源源不絕的思考中，會愈來愈精通那些特殊的數值、特殊的例子。

即使一邊嘆氣一邊看著天空，也不代表有在「思考」。動手計算、確認正確與否、感受計算錯誤時的衝擊，才能造就出下一次飛躍式的進步。這才為演繹法做好了準備。

20 推倒骨牌

到目前為止，我們討論了自然數的無限、偶數／奇數的無限、質數的無限、整數的無限，看見了各式各樣的無限世界。

那麼，有限世界中的我們要如何「安全處理」無限的問題呢？以下就用邏輯性思考的基礎——「歸納法」來說明吧。

推倒骨牌的秘密

各位有看過**「骨牌秀」**嗎？一整片骨牌像孔雀羽毛般一口氣攤開倒下，有的骨牌還會爬上階梯，或者像火箭般射出去。幾十萬張骨牌照著一定的規則依序倒下，真的很壯觀，可以說是轉瞬而逝的藝術。

不過，骨牌倒下的過程中，也可能會出錯。有時在岔路上沒有順利推倒下一張骨牌，或者中間少了一張骨牌之類的，使骨牌倒下的過程停止。那麼，為了讓骨牌能持續倒下，需要什麼樣的條件呢？

當骨牌數很少時，不太需要思考這個問題。只要將骨牌一張張排好，然後推推看，看是否能讓骨牌一次全倒就行了。實驗的過程中「有時全倒、有時沒全倒」，但只要反覆嘗試，調整骨牌間隔，最終總會讓所有骨牌一次全倒。

但如果要一次排列出數十萬張骨牌，為了在排列過程中不要失敗，就需要用到特製的尺來測量間隔。

在之後的討論中，為方便起見，皆假設所有骨牌排列成一條直線，是「最單純的骨牌秀」。

首先要製作專用的尺。我們可以先拿兩張骨牌出來做實驗，確認骨牌間要距離多遠，才能讓一張骨牌在倒下時，確實推倒下一張骨牌，並在專用尺上標出這段距離。

　　再依照專用尺的刻度，使相鄰骨牌的間隔都等於這段距離的話，當第一個骨牌倒下時，後面的骨牌就一定會跟著倒下。

　　上述過程中的重點有兩點。第一是要先用兩個骨牌做實驗，計算出兩個骨牌要間隔多遠，一張骨牌才能推倒下一張骨牌。第二則是將所有相鄰骨牌的間隔，都調整成這個距離。

　　只要滿足這兩點，就算骨牌有幾十萬張，我們也能自豪地說出「從第一張到最後一張骨牌，每張骨牌都會倒下」。就算骨牌有無限多張也一樣……。

數學歸納法

　　歸納法是由各種實例及特例，推導出整體模樣的思考方式。要注意的是，有的時候不管我們舉出多少個實例，都不能算是「證明」。

　　不過，在有限的世界中，如果能列出所有可能的實例，就算是證明了。譬如**「四色問題」**的證明過程，就列舉出超過一千種的實例，證明所有地圖都能僅以四色標示出各個區域。

　　不過，當欲證明的對象有無限多個時，就沒辦法列出無限多個實例來證明。這時就輪到「骨牌秀」登場了。用這種方式證明時，我們要先列舉出一個實例，再利用這個實例自動產生出下一個實例，因此必須做好各種準備。

也就是說，**每個實例之間的關係，就像沿著坡道往下滾動的車輪一樣。要是沒有東西擋住它的話，就會一直滾動下去，因而可以用來證明有無限個對象的問題。**

假設我們知道第99張骨牌和第100張骨牌的間隔距離是多少，且第100張骨牌和第101張骨牌也間隔相同距離。那麼就可以知道，確實存在一把專用尺，使骨牌的間隔距離相同。

這表示第102張骨牌與相鄰骨牌的間隔、第103張骨牌與相鄰骨牌的間隔、104、105……等，以及反方向的第98、97、96……等，相鄰骨牌間的距離都相同。

最後的問題，那就是「第1張和第2張骨牌之間的距離，可以讓第1張骨牌推倒第2張骨牌嗎？」只要確定第1張骨牌能推倒第2張骨牌，那麼後續的骨牌也會一張張倒下。而且骨牌的數量不一定要有限張，即使是無限多張骨牌，也會全部倒下！

總上所述，當某個編號的實例符合條件，下一個編號的實例也符合條件時，就可以用單一實例來取代整個問題。也就是說，我們可以將無限個問題，視為重複出現的單一問題，只要其中一個實例滿足條件，就可以說所有實例都滿足條件。

這就是名為**「數學歸納法」**的神奇證明法。

各位應該還要再過一段時間，才會在學校實際學到這種證明方法，並知道怎麼使用吧。因此，就算現在不太了解這種方法的原理也沒關係。不過，為了讓自己能在未來體會到「這種證明方法真厲害」，請不要覺得在筆記本上動手計算是件麻煩的事。希望你可以從現在開始培養對各種數字排列的興趣。

玩新遊戲的時候，通常也不會一開始就去看說明書，而是會先實際玩玩看，習慣遊戲的感覺之後，再看說明書，這樣會比較好理解。

　　數學也一樣。熟悉各種數字，多練習幾次計算，習慣各種數字，透過各式各樣的實例享受數學的樂趣，才是各位目前應該要做的事。

　　以上就是「滾動證明法」——數學歸納法的介紹。學習這種方法時，最重要的就是要在腦中排好骨牌。然後思考能否一次讓所有骨牌倒下，還是說骨牌前進到一半就會停下來。人類的大腦內有著無限大的空間，要排多少張骨牌都沒問題。**即使有無限多張骨牌也一樣。**

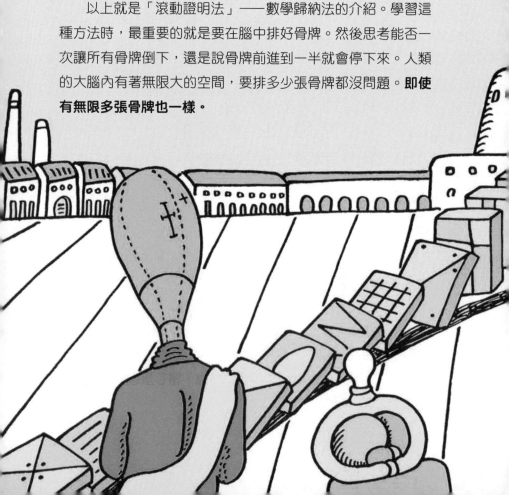

整體複習：從算式來複習內容！

　　本書中由各種數學概念寫出了各種數學式。請你試著從相反的角度，用數學式來說明數學概念。這些數學式想表達些什麼呢？或許你不曾在學校學過式中某些符號或寫法，但這些數學式其實只會用到四則運算，只要有學過四則運算就知道該怎麼算了。試著用簡單的計算過程來說明數學式的意義，會有很好的複習效果。

數學式	登場頁數
$1+2+4+7+14=28$	p.4
$142857 \rightarrow 142+857=999$	p.16
$111111111^2=12345678987654321$	p.22
$1-1=0$	p.50
$1+0=1,\ \ 0+2=2,\ \ 3\times0=0,\ \ 0\times4=0,\ \ 5-5=0$	p.60
$0-1=-1$	p.64
$...,-5,\ -4,\ -3,\ -2,\ -1,\ 0,\ 1,\ 2,\ 3,\ 4,\ 5,...$	p.68
$-4<-3<-2<-1$	p.84
$\lvert-5\rvert=5,\ \ \lvert5\rvert=5$	p.86
$5-3=(+5)+(-3)=(-3)+(+5)=2$	p.96
$-1\times(-1)=1$	p.103
$(-1)^2=1,\ \ (-1)^3=-1,\ \ (-1)^4=1,\ \ (-1)^5=-1$	p.112
$1,\ \ 1+1=2,\ \ 2+1=3,\ \ 3+1=4,\ \ 4+1=5,...$	p.114
$0, +1, -1, +2, -2, +3, -3, +4, -4, +5, -5, +6, -6,...$	p.118
$-1\times \rightarrow\ =\ \leftarrow$	p.120
$i\times \rightarrow\ =\ \uparrow$	p.125
$i^2=-1,\ \ i^3=-i,\ \ i^4=1,\ \ i^5=i$	p.125

帶著嚮往的心情說出「你好嗎？」

過去我們曾將雜誌《孩子的科學》上的連載整理成三冊出版，後來又將三冊重新編輯成一冊。分成三冊出版時，曾被某本著名小說當做為參考資料引用，後來還改編成電影，因此獲得了出乎意料之外的好評。但在以單行本的形式出版時，必須捨棄連載中與季節、時事有關的內容，使單行本看起來少了一些季節感。重新編輯時，我們修正了許多細節，讓整本書煥然一新。（※編按：中文版即採用重新編輯後的內容）

做為一本以小學生為目標讀者的書籍，有人認為本書內容過於艱澀。不過，小學生不也是因為**邂逅了歷史名曲、世界著名的演出**，才下定決心要學習樂器的嗎？應該很少人是因為嚮往彈奏只有四分音符的練習曲，而開始學習音樂的吧。

學校教育中的數學很強調計算練習，要求學生熟練各種題目的解題方式，就像是音階練習般單調。當然，不論是音樂還是數學，都需要反覆練習基本功，但如果對未知沒有期待、沒有憧憬的話，一般人都無法忍受反覆練習的枯燥。

本書的目的就是帶來「數學中的歷史名曲」。若有了嚮往的目標，那麼就算一直練習計算或背公式，也不覺得痛苦，反而會樂在其中。只有反覆練習，數學能力才會愈來愈強。

因為有「想了解更多」的熱情，才會「深入思考」；若想保持長時間的熱情，就必須有「嚮往」的目標。

重要的不是現在明白到了什麼，而是現在嚮往的是什麼。

以上就是本書蒐羅到的各家名曲，雖然演奏談不上精湛，但做為學校教育的補充已綽綽有餘，敬請多加利用。

索引

著者簡介

吉田武

京都大學工學博士（數理工學專攻）

以自己的觀點撰寫多本數學、物理學的自學書籍。
其中，東海大學出版部出版了數學相關的三部作品，分別為
《虛數的情緒：國中生的全方位自學法（虚数の情緒：中学生からの全方位独学法）》
——獲得平成 12 年度「技術、科學圖書文化賞」（日本工業新聞社）
《新裝版 歐拉的禮物：學習人類的寶物 $e^{i\pi}=-1$（新装版オイラーの贈物：人類の至宝 $e^{i\pi}=-1$ を学ぶ）》
《質數夜曲：女王陛下的 LISP（素数夜曲：女王陛下の LISP）》
另有介紹電磁學基礎實驗與理論的
《門鈴的科學：從電子零件的運作到物理理論（呼鈴の科学：電子工作から物理理論へ）》（講談社現代新書）
以及融合本書精神的物理學入門書
《從幾何開始的物理啟蒙書（はじめまして 物理）》。

封面、內頁插畫

大高郁子

插畫家

京都精華大學設計科畢業。
主要工作為書籍封面插圖、雜誌插圖、網站插圖等。
曾獲 2013 年度 HB Gallery File Competition 日下潤一賞。

奠定數學領域基礎！
從1開始的數學啟蒙書
虛數・證明

2020年8月15日初版第一刷發行

著　　者	吉田武
譯　　者	陳朕疆
編　　輯	劉皓如
美術編輯	黃郁琇
發 行 人	南部裕
發 行 所	台灣東販股份有限公司
	＜地址＞台北市南京東路4段130號2F-1
	＜電話＞(02)2577-8878
	＜傳真＞(02)2577-8896
	＜網址＞http://www.tohan.com.tw
郵撥帳號	1405049-4
法律顧問	蕭雄淋律師
總 經 銷	聯合發行股份有限公司
	＜電話＞(02)2917-8022

著作權所有，禁止翻印轉載，侵害必究。
購買本書者，如遇缺頁或裝訂錯誤，
請寄回更換（海外地區除外）。
Printed in Taiwan

TOHAN

國家圖書館出版品預行編目資料

奠定數學領域基礎！從 1 開始的數學啟蒙書：虛數・證明 / 吉田武著；陳朕疆譯 .-- 初版 .-- 臺北市：臺灣東販，2020.08
164 面；14.7×21 公分
ISBN 978-986-511-398-8(平裝)

1. 數學

310　　　　　　　　　　　　109008655

HAJIMEMASHITE SUGAKU REMAKE
by YOSHIDA Takeshi

Copyright © 2014 YOSHIDA Takeshi
All rights reserved.
Original Japanese edition published
by Tokai University Press.

This Complex Chinese edition is published
by arrangement with Tokai University Press, Kanagawa
in care of Tuttle-Mori Agency, Inc., Tokyo.